U0185247

书 · 美好生活
Book & Life

书，当然要每日读。

丰田式家务分享法

［日］香村薰 著

于彤彤 译

北京时代华文书局

比起婚姻中的巨大灾难，日常的琐碎烦恼更加难以躲避。

——马尔克斯

家庭经济压力对女性薪水的实际需求与根深蒂固的"男主外，女主内"思维的互扯是现代女性的生存困境，在生活的一地鸡毛中，家务劳动依然不停地呼唤着女性。将"家务分享"落到实处，解放女性家务困境，一家人共同提升家庭成长力，共享幸福才是正解。

前 言

"家里有三个年幼的孩子，自己还在工作，你是怎么把房间打理得这样整洁的？"

这几年里，有好多人问我这个问题。

"不是我自己一个人努力，我们全家都做家务。"虽然我一向是这样回答，但总会有人说："在我家就行不通啊……""还是你有个能干的好老公呀……"

我的确非常理解"我家老公不能干"这种感慨，在很长时间里我也一直对这个问题感同身受。

直到我开始在家里实行"丰田式家务分享法"，一切才有了改变。

我从小就是那种喜欢问"为什么会这样"的孩子。进入丰田系企业工作后，更是深深沉浸在把问题数值化的思维逻辑之中。

　　我在二十四岁结婚，婚后也继续工作。我和丈夫过着一种极其简单潦草的生活，身心皆空，一点儿也不快乐……这样下去可不行，于是我们就在一起商量究竟想过什么样的生活。

　　因为理想生活必须是家庭成员共同创造的，所以家庭生活采取"丰田式"工作法来改善家务的状况后，我们获得了身心愉悦的新生活。

　　但是，随着第二个、第三个孩子的出生，我的负担越来越重，每天都在"为什么只有我在忙！"的感叹里怒火中烧。

　　就在我觉得看不到尽头、陷入绝望的时候，有一次在朋友的烧烤派对上，我的想法发生了巨大转变。

你有没有遇到过那种平时根本不做家务，但是一到烧烤派对就干劲十足的男性？从食材采买到生火、调味，再到收拾杯盘碗盏，以平时无论如何也想象不出的速度积极地完成这一连串的劳动。

我饶有兴味地看着准备烧烤的丈夫，心想："我老公，好像还挺能干呢！如果把他在烧烤派对的状态带到家庭生活中，就能真的做到全家协力了。"

为何丈夫干得如此卖力？
为何卖力的他不是出现在家里，而是在烧烤派对上？
为何？为何？我一直反复自问，努力探求其中的真实原因。

思考之后，我发现烧烤派对具有以下三种特质：

①烧烤的流程步骤和最终成果非常明确（制作方法没什么一定之规）；

②烧烤的现场只有所需的必要食材和必要工具（没有无用的杂物）；

③烧烤活动营造出了适合拜托男性工作的氛围（拜托其分担也并不为难）。

我发现，这与丰田工作方式中排除"为难""不均""无用"的法则是一样的。

在丰田汽车公司，人们一直致力于积极推进消除工作中"为难""不均""无用"的行为。这种理念不仅仅在丰田汽车本部推广，也渗透到了丰田旗下各个公司。

工作中"为难""不均""无用"三类问题的具体状态如下:

为难: 各部门及团队内部沟通不畅，导致处理事务效率低下。

不均: 不同人对同一事务的处理方法出现差异，最终结果支离破碎。

无用: 为了实现事务的目的，采取不必要、无意义的行动。

我在家庭中应对"为难""不均""无用"这三项内容，反复尝试，经历错误，最后形成了"家务分享思考法"。

第一步：消除不均

重建家务结构，实现让每个家庭成员均等地承担家务的状态。

例1：在玄关收纳"容易忘带的物品"。

例2：调料等消耗品贴上标签。

例3：形成一个"想用的时候就在手边"的收纳规则。

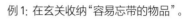

第二步：消除无用

减少家中无用的物品，创造易于整理家务的状态。

例1：使用频率低的物品充分利用不易使用的空间。

例2：同一物品选择固定的种类，节省选择的时间。

例3：限定衣服/鞋子要在"几件/双以下"的数额。

第三步：消除为难

经常与家庭成员沟通，形成一家人协同做家务的默契。

例1：给丈夫选择权，让他拥有喜欢的物品、做喜欢的家务。

例2：把写有家务流程的笔记本拿给丈夫共读。

例3：不再催促，睡前在"预备——开始！"的氛围中进行一次计时"整理游戏"。

实际上，尝试过程中经历错误最多的阶段，基本都是在第二步（减少物品）的时候。

十年前，我经常拿着秒表测定做家务的时间。虽然一个劲儿地扔东西，但是缩短做家务的时间还是收效甚微，无法改变我自己一个人承担家务的状况。

此外，第三步（与家庭成员沟通）也是经常出问题的环节。

曾经我也经历过面对越来越多的家务，很想得到家里人的协助，结果却引起家人的烦躁，分享家务的计划受阻的情况。运用一些能将丈夫变为家务盟友的"魔法语言"，可以帮妈妈们将身上的家务重担卸下一些。

明确了家务的顺序（第一步），减少了不必要的物品（第二步），然后谋求家庭成员的协助（第三步）——以这样的步骤顺序推进很重要。

我把这三个步骤叫作"丰田式家务分享法"。依照这个顺序调整生活内容和方式，自己对家务的焦虑减轻了，家中欢声笑语，气氛更佳；自己也有了更多的时间可以集中精力在工作上，事业发展一帆风顺。我就是这样实现了事业和家庭的兼顾。

本书介绍了"丰田式家务分享法"的具体内容，以及一些方便实操的技巧。

每天忙于家务、育儿和工作，如果不能消除"一个人焦虑烦躁"的状态，是无法获得快乐的。

香村薰

目 录
contents

Part 3

消除"无用"
——严选物品与省时绝招

Part 4

让丈夫瞬间成为盟友的"魔法语言"

Part 5

和孩子一起分享家务

Part 1

我的"丰田式家务分享法"

TOYOTA
Style
Housework Share

为何只有妻子在做家务

现在，我们已经进入了一个"夫妻双方共同承担家务、照顾孩子并且各自工作"的时代。

据厚生劳动省[1]统计，截至 2017 年日本双职工家庭已超过 1188 万，几乎是家有专职主妇家庭的两倍。随着政府推动都市女性参与社会进程，以及劳动方式改革的持续推进，未来必然还会新增更多双职工家庭，以往"男主外、女主内"的婚姻观已经彻底成了过去式。

那么，现在的家务承担状况是怎样的呢？ 2017 年厚生劳动省以一千个双职工家庭为对象进行了调查，结果显示："妻子承担全部家务"的占 30%；"妻子尽量承担主要家务，丈夫少量分担"的占 36%；"夫妻共同分担"的占 30%。夫妻均等平分家务的家庭仍旧是少数派。

---

[1] 日本负责医疗卫生和社会保障的主要部门，主要负责日本的国民健康、医疗保险、医疗服务提供、药品和食品安全、社会保险和社会保障、劳动就业、弱势群体社会救助等职责。

　　关于实际的家务分担比例，最多的回答则是"丈夫分担10%，妻子分担90%"。

　　2017 年总务省[2]的调查结果显示，有孩子且夫妻均有工作的家庭，妻子平均每天承担的家务时间为四小时五十四分钟，丈夫分担四十六分钟，妻子大致是丈夫的六倍。这项调查每五年左右进行一次，和二十年前的结果相比较，丈夫的家务时间从二十分钟提升到了四十六分钟，基本翻了一倍；而妻子的家务时间丝毫没有减少，反而增加了三十分钟左右。

　　从这个调查结果来看，一方面女性参与社会的速度在加快，双职工家庭在增加；另一方面，在家务分担问题上依旧和以往专职主妇家庭一样，属于依赖"妻子承担家务"的状态。

　　[2]日本中央省厅之一，主要管理范围包括了行政组织、公务员制度、地方行财政、选举制度、情报通信、邮政事业、统计等。

世上有打破"只有一个人焦虑"的方法

不要责备人，可以责备方法

八年前，我因为生子从丰田系公司辞职，做起了专职主妇。此后，我成立了内务整理相关的公司，几乎是在全职工作。公司运行上了轨道，我也相继有了三个孩子。

我丈夫以往对家务和育儿方面并不怎么上手帮忙，那时候他在另一家丰田系公司工作，担任管理职务，非常繁忙。我独自在家的每一天，家务和育儿都在激烈地彼此对抗。

看着我的焦灼状态，丈夫也想在家务和育儿方面帮我分担，可是他总是不得要领，还不如我自己做更快。所以，我的焦虑并没有减轻。

就在那个时候，我忽然想起在公司上班时耳熟能详的那句话"不要责备人，可以责备方法"。

打造出"家务就是工作"的处理方法

我想责备的可能并不是我丈夫本人。

试问自己需要怎样的家务分担?关键点在于能否把家务放心拜托给丈夫。

于是从物品的整理到接送孩子,我对林林总总的家务和育儿的方法一一做了设计。

然而,以我自己为出发点设定的方法对其他家人而言却不是那么合意。对于一些以时尚外观为优先考虑的理由和日用品补充等习惯，家人持有不同的意见。丈夫建议说："不如把家务当成工作来考虑吧。"

从那以后，丈夫就开始一步步参与到家务和育儿中来。虽然还有很多不顺手的地方，但是他提出的"家务就是工作"这个有效建议的确是我家改善家务状况的起点。此后我们一起完善这个家务处理方法的体系，随着处理方法更加细化，连家中的小孩子们也都成了承担家务的有力助手。

从职场到家庭的"丰田式"思维

丰田汽车是一个高度效率化的世界级大企业,许多集团内的公司也深深浸透着"丰田式"思维方式,这不仅限于生产现场,而是几乎触及职场的全部角落。

我曾经在丰田集团的亚洲 AW 公司工作,那是一个生产人工智能·导航产品的公司。

在公司里,并没有人递上一本教科书说:"看看吧,这就是'丰田式'思维。"但是,"为何在这里进行这个步骤?""为何在这个时间节点上做确认?"等工作内容都有理由,所有的相关人员都共同参与并且实践。

公司有两点约定俗成的工作理念令我印象深刻:一是在现场完成的事情,力求以让任何人都容易理解的方式"呈现"出来;二是彻底省略无用的流程,力求以最少的成本(时间)制造出更多的产品(输出理念)。

有逻辑、有效率、能够确实创造出卓著成果的思维方式才是丰田集团所主张的。

都是"为难""无用""不均"惹的祸

应该了解的"丰田式"关键词

为难→超出能力范畴的计划

承担了超出自身能力所能承受的工作量。在家庭中，对应"一个人包揽家务"的状态。

不均→分工有所偏颇，完成也是七零八落的状态

因为不同的人处理问题的能力有偏差，结果导致凌乱不堪的状态。在家庭中，对应着即便拜托家人做家务，结果还是时而做时而不做、完成度低的混乱状态。

无用→一些没有意义的行为和流程不能及时消除

工作流程重复繁杂引发工作量激增的状态。在家庭中，即为不必要的物品越来越多而引发的过量家务。

减少以上三种情况，效率就会提高！

在开展行动的时候，绕不开的几个关键词：

可视化

让与项目有关的人对项目进展一目了然。应用到家务中，就是制作让全体家庭成员都能马上清楚什么地方放着什么物品的标签，让物品收纳实现"可视化"。

改善

根据工作而实现效率化的"改善"。也就是说在现场以负责人为中心共同付出智慧和心力，层层上升地解决问题。在家庭生活中，即思考做家务还有没有更加轻松的方法，从而寻求改善。

看板方式

利用看板，将"何时""多少数量"等必要的信息记录下来，节省了问询调查的时间，是一种提升效率的好方法。在家庭生活中，电池、洗涤剂等生活耗材的剩余情况，是否需要采买等，可以参照实行看板化或标签化处理。

5S

1. 整理（Seiri），2. 整顿（Seiton）
3. 清扫（Seisou），4. 清洁（Seiketsu）
5. 习惯化（Shitsuke），以上五项的首字母汇集为"5S"。
整理、整顿、清扫、清洁，最终能够实现习惯化，是丰田企业提高效率的关键；在家庭生活中，"5S"准则也是家务的基本原则。

三步达成"丰田式家务分享法"

如何在家庭生活中应用行之有效的"丰田式"法则，也就是思考如何投入最少的家务时间获得最大的幸福之感。

"为什么把提包放在这里？""洗好的衣服什么时候叠、谁来叠？"所有的生活琐事都遵照一定的逻辑似乎很难做到。很多人认为家是放松的地方，实在没有必要这么刻板地安排家务。

但是，真的有什么都不做就能得到的"放松"吗？"只有我累死了""家里都没人打扫"等等，恐怕没有多少人不曾发出这样的抱怨。想要在家中身心愉悦，尝试一下"丰田式"思维方法会产生很大的效果，这是我个人的切实体会。

为何这样说呢？"丰田式"思维方法中"以最少的成本（时间）创造最多价值"的状态应用在家庭中，就是"以最少的家务时间，获得最大的幸福之感"。"只保留必要的东西""减少不必要的环节"等方法，对缩短家务时间颇有帮助。

优化家务结构，让每个家庭成员均等地分享家务

第一步
消除不均

例1：在玄关收纳"容易忘带的物品"。

例2：调料等消耗品贴上标签。

例3：收纳衣服的地点规范化。

例4：形成一个"想用的时候就在手边"的收纳规则。

例5：制订一个防止遗忘物品的收纳结构。

减少家中无用的物品，打造易于整理家务的状态

第二步
消除无用

例1：常用物品放在易于取用的地方。

例2：使用频率低的物品充分利用不易使用的空间。

例3：同一物品选择固定的种类，节省选择的时间。

例4：餐具要选择与食物百搭的颜色和相对较大的尺寸。

例5：限定鞋子要在"几双以下"的数额。

经常与家庭成员沟通，形成一家人协同做家务的状态

第三步
消除为难

例1：尊重丈夫的思维逻辑。

例2：给丈夫选择权，让他拥有喜欢的物品，做喜欢的家务。

例3：把写有家务流程的笔记本拿给丈夫共读。

例4：和孩子一起整理玩具。

例5：一边和孩子玩耍一边做家务。

Step 1：打造消除"不均等"的方法

家庭成员彼此争吵最多的家务之一，应该就是与"洗涤"相关的事情了。

孩子不把脱掉的脏衣服放进洗衣篮，而是到处乱扔；丈夫全然不顾洗好的衣服如何晾晒、如何叠放，一旦积累了许多这样的现实经验，难免会陷入"拜托别人，还不如我自己做"的状态之中。

如果面对类似的情况，请试着在家务的处理方法上动动脑筋。

以往我也曾经生丈夫和孩子的气，觉得都是他们不够配合才导致家务无法向前推进。后来我开始思考造成这种状态的原因和解决方向：

●孩子把脱下来的衣服四处乱扔→如何让孩子自己开开心心地把脏衣服放进洗衣机里呢？

●丈夫不把晾晒洗好的衣物放在心上→如果干脆就放弃原有的晾晒衣物的程序呢？

●丈夫胡乱叠放衣物→思考是否有可以不用叠衣服的整理办法吗？

为了一口气解决这些问题，我购置了具有干燥功能的最新型滚筒洗衣机。

这样一来，因为能随时看到洗涤衣物的过程，开关门也很便捷，所以孩子们对洗衣机的工作也产生了兴趣，逐渐养成了脱下来脏衣服就马上塞进洗衣机的习惯。

"叠放衣服"这件事还是很必要的。所以，我家设定了"一日洗涤两次""干燥后的衣服直接穿着"这样的规定，叠放衣服的家务减少了很多。

因此，充分利用家用电器和具体化家务规定，可以很大程度上改善不理想的家务方法，从而大幅度减少家务时间，这样家人之间的抱怨少了，家庭的气氛自然和谐起来。

购买最新型的家用电器是一笔大项开支。但是，考虑到能够节省出的时间、全家协力能制造出更多价值，这笔大项支出其实是很划算的。

Step 2：尝试消除"无用"的"物品选择法"和"缩短时间法"

想要缩短时间，就要减少物品

大约十年前，我由于工作繁忙，深夜回家后又忙着做家务，不知道几点才能睡觉，所以试着尽所能缩短做家务的时间。

我一边操作一边测定家务的时间："今天晾晒洗好的衣物用了十五分钟""清扫比昨天节省了一分钟"……通过记录做家务的时间，我发现有效缩短家务时间还得靠"减少物品"。

关于家中的物品，以下几种情况都会消耗一定的时间：

- 考虑放置地点
- 考虑使用方法
- 找不到时需要四处寻找
- 维修

为了实现家务的分享，在改变做家务方法的同时，也要转变对物品的认知，学会选择能节省家务时间的有效物品。

活用新品来缩短家务时间

以厨房为例。做饭做菜自然要花费不少时间，实际上，餐后的整理同样占用了很多时间。

因为餐后刷锅洗碗十分劳神费力，于是我开始摸索有没有不使用煤气灶的烹饪方法。

做主菜最好的工具是夏普的万能料理机（见 P96）。因为不会飞溅油星，所以大幅度减少了清洁的工序。烹饪时从按下

阀门到菜品完成全自动进行，其间，我离开厨房去做其他事也没有关系。

另一种非常便捷的方式就是微波烹饪。有了压力烹调包（见P97），即便很短的时间也能做出很入味的美食。买好食材，把食材和调味料都放进料理包，放入冷藏室保存，需要的时候用微波炉加热即可。

通过调整物品来缩短家务时间，对于消除家务中的"无用"非常有效，是实现家务分享不可或缺的步骤。

Step 3：运用消除"为难"的话术

为何怎么也得不到家人（特别是丈夫）的协力呢？这是许多主妇和上班妈面临的一个永恒的烦恼，也是家务分享过程中最重要的命题。

如果把丈夫不分担家务的理由罗列出来，简直言之不尽："工作太忙""我的父母就是这个模式啊""习惯做家务的人干起来更快"……妻子一直努力在应对这些理由，但是丈夫总有层出不穷的新理由。

我的建议是通过语言和计划激发丈夫的自主性。

那么，具体该怎么办好呢？

社会印象里孜孜不倦、勤勉工作的男性，都带有一种强烈的自我认同感；而另一方面，他们有着容易受伤的敏感特质。所以，想让他们在家务中发挥所长，就需要通过一些能够激发男性自主性的语言和行动计划。

有一天，把孩子送到保育园之后，丈夫一脸疲惫地回到家，非常吃惊地对我说："我以为只要把女儿送到就可以了，没想到还有那么多事要做。"

其实把孩子送到保育园后需要安顿好孩子，还得在放尿不湿的专用桶里放好塑料袋、补充好备用的尿不湿、准备好毛巾，再把保育文件放置到指定的地方等等，必须做的事情简直数不清。

回想起当初我负责接送孩子去保育园的时候，也一样感到疲惫。想象一下，在职场事业有成、身为管理者的丈夫，在保育园却变得手足无措、狼狈不堪，一定充满了挫败感。

这样烦琐复杂的事情，口头交代似乎是很常见的做法，但因为总会遗漏一些步骤，丈夫的积极性受到了打击。我想起了在丰田职场新人入职的时候，会分发手册进行新员工教育。于是我就把送孩子去保育园后需要丈夫做的事全部写在了记事本上，这样他既不用逐一询问他人，也不用特意去记住流程内容了。"下次去送孩子，就看看这个记事本吧。"我就这样若无其事地把记事本交给了丈夫。

后来丈夫接送孩子回来总是一脸轻松地说："你那个记事本啊，真是太好用了！"

从那以后，只要让丈夫做一些流程复杂的事情，我都会准备好记事本。因为有了记事本，丈夫行动起来心里有底，渐渐主动去承担更多的家务。烹饪、洗涤、清扫、育儿等方面的流程写在记事本上都是很有效的。

Q 丈夫不整理，也不扔东西

我丈夫的东西实在是太多了，他自己既不整理也不扔，真是难办！

（四十二岁女性／和丈夫、两个孩子一起生活）

A 关于整理这件事，如果您丈夫本人能够意识到"可以尝试新品""有益身体"之类的好处最好不过。我建议您首先整理自己的物品，然后一点点形成家里物品整理有序的氛围，让丈夫意识到 "就剩下我自己的东西还乱糟糟的！ "从而进行反向动员。

Q 孩子的整理习惯问题

我家的孩子一瞬间就能把东西丢得到处都是。想让他们养成自主整理东西的习惯，该怎么做呢？

（三十四岁女性／和丈夫、两个孩子一起生活）

A 首先要提醒自己不要说"赶快去把东西收拾了！ "这样命令式的话。想要让孩子们整理物品的时候，要对他们做出一项一项具体的指示，比如："把这本书放回到那个书架上"。如果这么做行不通或是非常耗时，就应该考虑一下是不是收纳的方式和结构不太适合孩子们，这时候就需要和孩子们一起修正整理的"规范"。

Q 怎么才能让家人喜欢上清扫？

我特别想知道用什么样的语言、怎么开口说才能让家人喜欢上清扫。

（三十七岁女性 / 和丈夫、两个孩子一起生活）

A 买一样新的清扫工具怎么样？不必选择太昂贵的。比如"碳酸氢钠"发泡剂这种有实验内容的清扫工具在我家很受欢迎。"从现在开始准备，十五分钟后开始清扫，十分钟清扫完毕，一起去公园玩！"给家务限定时间，大家都会变得兴高采烈起来，很有干劲。

Q 让丈夫做家务的办法

我丈夫想做家务，只是想想而已，根本算不上帮忙啊。怎样才能让丈夫积极主动地分担家务呢？

（三十五岁女性 / 和公公、丈夫、两个孩子一起生活）

A 把家务的内容、顺序、分工等详细地写在记事本上。让丈夫看着"教材"付诸实践，然后可以问问他："怎么样？有改善吧？"渐渐地他就会萌生做家务的兴趣。优先考虑家务活的数量，放大结果，不要否定他做家务的方法。这一切貌似是绕远路，其实恰恰会指出一条意想不到的捷径。

Part 2

消除"不均"
——制订家务分担的规范

打破陈规，家务也要"规范化"

自己一个人郁闷烦恼都是因为家务分担"不均"

"家人做家务三天打鱼两天晒网""家人做家务怎么也做不好"……都是家务分担不均衡导致的。出现了这种不均衡，最终就会导致自己凡事都要亲力亲为，"家务分担"就成了一句空谈。

为了消除这种"不均"，应用丰田式工作法中的"规范化"非常有效。

在丰田工厂，工作的流程以及物品的摆放场所等信息，都是工作人员全体共享的资源，这样就杜绝了"工作上的信息不均等"。新来的员工和老员工同样分享资源，也就可以实现同样的结果。

家务也是同理。决定家务的内容、流程，全家参与制订，必要的工具安放在全家人都知晓的地方，所以全家人都可以随时参与到家务中来。

形成了好的方法，即便是学龄前的孩子，甚至一岁的幼儿也可以参与到家务和整理中来。比起一个人大包大揽，不如花点儿时间去谋求全家人的协力和帮助，能更长远地避免焦虑和烦恼。

　　只是生活的风格、住宅的状况以及家务的方法都是因人而异、千差万别的，需要大家从自家实际情况出发，建立规范化的家务。

是"习惯"还是"陈规"？

"早饭做酱汤""把洗完的衣服放到太阳底下晒晒"这些让身心愉悦的事情，是家务中的"习惯"，虽然费事，但是没有必要去改变。

另外一种情况，如果只是觉得"这么做就是理所应当的""从小我家里就是这么做的"，这些所谓"不得不做"的家务多半就是一种"陈规"，有必要调整一下。

本章就是要介绍一些如何从"陈规"中解放出来，形成"规范化"的方法。如果能够找到与自身生活方式相契合的"规范化"，那就最好不过了。

厨房"规范化"：人人皆可参与烹饪

在林林总总的家务活中，烹饪最适合分享。工作流程多，所以容易分配；因为是以享用美食为目的，所以大家能很愉悦地去完成，烹饪汇集了众多实现家务分担所需的要素。

虽然烹饪习惯的个体差异非常大，但为了顺利进行，有必要购置烹饪家电和餐具洗涤干燥机，创造每个人都能享受便利的工作环境。还要注意在烹饪这项家务中，明确区分"习惯"和"陈规"。我们只需放弃"陈规"，尝试着形成从自家情况出发的规范化。

例如，我家放弃了"全家一起吃饭"的想法。平时，三个孩子和丈夫的时间作息是不吻合的，所以采取"让家人在各自想吃饭的时候自己做准备"的这种厨房"规范化"。

餐具取用的秘密

直接把锅端上餐桌

主菜直接用锅端上来，家人各自取用自己需要的量，再加热的时候也方便，洗涤盘碗的数量也减少了。我喜欢用漂亮的珐琅锅盛放主菜，因为保温性能好，奶汁烤菜、肉汤、西班牙海鲜饭、冬日火锅等菜品装在锅里，比用盆盛放更能保持长时间的温热。

使用单盘各自取用

餐盘上用小号餐具盛放食物的定食、一道道上菜的套餐都是很不错的用餐形式，但我经过实践摸索发现定食和套餐还是等到在外用餐的时候体验更好。在家里家人各自拿着单盘取用餐食，就可以很大程度上减少洗涤的工作量。

消除"哎呀，哪儿去了？"的标签

两个标签瞬间找到调料

在调料瓶的瓶盖和瓶体分别贴上种类标签，可以瞬间确认

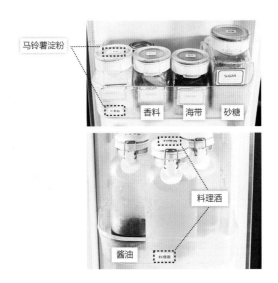

马铃薯淀粉

香料　海带　砂糖

料理酒

酱油

需要的调料身在何处，并且方便迅速放回原处，从而避免了找东西时"哎呀，哪儿去了？"的慌乱和胡乱翻找后把调料放到了其他的地方导致的混乱循环。明确了调料和烹饪工具的放置，家人也会很积极地参与到烹饪中来。

密封袋

水槽下

消耗品的库存管理也要"可视化"

垃圾袋、密封袋、洗涤海绵、保鲜膜等消耗品的库存管理也要实现"可视化"。

如果在装消耗品的盒子上贴上"库存物品在上方的抽屉里"之类的标签，"还有那个吗？"的提问就会减少。

孩子们也可以完成配餐的收纳技巧

常用餐具的"立式"收纳

我家每餐食用的平盘都是用竖起来的纸巾支架来收纳的，比起把餐具混合摞起来收纳的方式，这种方式非常方便取用。因为放置在孩子们触手可及的较低的位置，所以孩子们一岁半左右就可以练习自己收放餐具，这样有助于孩子形成"自己做是理所应当"的思维模式。

"常用放外边"的取用原则

每餐必用的餐具,经过严选后,确定比较科学的数量放在抽屉外部收纳。如果空间比较宽敞,可以让孩子们自己取用。为客人准备的餐具一般放在比较深、不易取出的地方,日常餐具不够用了也可以取用客用餐具。

家庭自助实践

家中也要常用保温水壶

虽然我家也用玻璃杯,但是基本上在家里每个人最常用的还是各自的保温水壶。保温水壶不仅能保温,还能长时间保持冰水的凉度,所以喝起来味道好;即使碰倒了也不会洒出来;选择不同颜色可以轻易避免家人之间混用。睡觉的时候在枕边放置保温水壶,我才能带着

满满的安心入睡。一键开启的"虎牌"保温壶是我家的选择。另外，养成用保温水壶的习惯也能减少玻璃制品的洗涤工作量。

想喝酱汤的时候可以自助

我一直认为每晚喝酱汤很舒服，但是咨询了一下家人才发现不是每个人都这样想。于是我家变成了想喝酱汤就去自助冲泡的模式。速食酱汤包不同产地的酱汤味道组合有二十五种，想喝酱汤的人都可以享受到"选哪一个好呢……"的乐趣。

特别建议

厨房整理清爽后再开始全家参与烹饪！

保障烹饪空间足够宽敞、避免炉灶使用的危险，做到这些不仅仅是自己，全家都会因此增长烹饪的热情。读小学的孩子们也可以自己动手制作煎蛋和寿司，放在自己的便当盒里。

洗涤 "规范化"：不用 "晾晒"，一切变轻松

选择滚筒式洗衣机

再没有哪项家务像洗涤这样工序繁杂又非常耗时。经历了各种试行错误，最后我还是下决心买了滚筒式洗衣机，衣物全部放进烘干机里就可以了。这样，彻底免除了 "晾晒" 这道工序。

从那以后我不再为天气所苦，就连花粉、黄沙等问题也一并解决了，晾衣竿、洗衣篮、晾衣夹等也都不需要了，盥洗室的收纳区和阳台的空间可以更加有意义地加以利用，这些都是使用滚筒洗衣机产生的让人开心的附加效果。

相信许多人都曾被起居室里散放着的、卧室的床上堆积如山的衣物所困。衣服散乱堆放的样子似乎成了 "不整理房间" 的标志性画面。如果这样的场景不断重现，看一眼就令人沮丧，谁都提不起做家务的干劲儿了。如果你是一有客人来访就匆匆

清早一边刷牙一边把洗衣机里的衣物取出来扔进起居室。

忙忙把尚未洗涤的衣物藏起来的人，请尝试着去建立应对洗涤的好方法。

穿着围裙可以有效减少洗涤衣物的工作量！

有人说洗涤是损伤衣服的元凶之一，为了减少衣服的洗涤次数，我在做家务的时候一直有穿围裙的习惯，然后每天洗围裙。夏天选择亚麻材质的，比较凉爽；冬天就选择和服式的，可以保暖。

无须"晾晒""叠放"
一日两次使用全自动洗涤干燥机的生活

夜：最后洗完澡的人，负责按下按钮

有需要洗涤的衣物，一般都是在"洗澡前"和"洗澡后"。所以全家最后一个洗完澡的人，就负责把全家的衣服和使用过的毛巾等都放进洗衣机里，按下开始按钮。第二天一早，就可以各自穿上烘干的衣服了。和前一日相同的衣物可以干干净净穿起来，需要更换服装的则自己来调整更换。

日：最后走出家门的人，负责按下按钮

另一个需要洗涤衣物的时段，是早间的准备工作结束之后。全家最后一个走出家门的人，负责把使用过的床单、全家人的睡衣、早上用过的毛巾等都放进洗衣机，按下按钮。回家的时候，烘干的睡衣在干燥机里等候，洗澡后就可以穿了。

衣物管理"规范化"：别再为选择衣服而犹豫

省却"收纳"和"选择"的诀窍

"只穿了一次还不用洗的衣服该怎么处理呢？"经常有人向我提出这样的问题。椅背上堆着好几件衣服的情况许多人都不陌生，衣服多了，管理起来费时费神。

关于衣物管理，我有几个经验值得一试：

第一，我家每天穿用的内衣和睡衣都是当天清洗，所以每天基本穿着同一件，这样就节省了收纳和选择的麻烦。这个做法加速了衣服的损耗，所以基本上每三个月更换一次新品，能够恰好选择与季节相契合的内衣和睡衣。减少衣服的数量，也就减少了衣服"收拾""取舍"的步骤，衣物管理的任务就轻松很多。

第二，严选在职场和居家都适合反复穿着的服装。

第三，舍弃回家之后换上家居服的习惯，淡化外出服装和家居服的区别。

收纳衣服的场所也要结构化

经常穿的衣服要"挂起来"

只穿了一次还不需要洗涤的衣服挂起来收纳，注意保持通风。我家为了在衣柜里实现这种收纳方式，一年四季都努力确保衣架之间有一定空隙。用衣架挂起来的都是"本周要穿的衣服"以及"最近穿过的衣服"，丧服等穿着频率低的衣服就叠起来放到抽屉里。

衣服

内衣和睡衣在盥洗室收纳是正解

如果把睡衣和内衣从衣柜转移到盥洗室收纳，在洗澡的时候可以一伸手就够得到。我觉得可以摒弃"睡衣"的刻板概念，选择各自舒适的服装（浴衣和服、T恤衫等）作为睡衣穿着。

睡衣

内衣

清扫"规范化"：工具这样选，家务好分担

实现"全家一起做清扫"的三个诀窍

在家务活中，让全家人"很难找到乐趣"的当属清扫。"为什么非得让我干？"或是嘴上答应着"好的，好的"但是却不见行动……即使家人动手清扫，很可能完成情况并不理想，看着用完的工具就那么扔在那里，自己又不免烦恼起来。

所以，分担清扫这项家务的时候，"选择全家都能开心使用的家电和工具""把清扫工具放在触手可及的地方""选择使用后即可扔掉的工具"这三项是关键点。

●选择全家都能开心使用的家电和工具

丈夫喜欢的最新产品、孩子们感兴趣的能瞬间把脏东西消除的黏性滚刷等，尽量选择全家人喜欢的清扫工具。

●把清扫工具放在触手可及的地方

扫帚、扫地机器人、黏性滚刷等工具都不要收起来，一定

为了让扫除成为令人兴奋的家务，夫妻俩一起讨论，积极研究新产品。现在两人正商量着要不要在吸尘器上安装旋风接头。

要放在显眼的地方。

●选择使用后即可扔掉的工具

不要使用抹布之类需要反复清洗的工具，而是选择一次性毛巾。清扫后不用再收拾，会让大家都备感轻松。此外，打扫方法也不必太过刻板，这一点也很重要。

例如，拜托家人擦窗户的时候，试着用这样的口吻："窗户上的灰需要擦干净，拜托你十分钟怎么样？怎么擦随你。"
只把"需要做什么""希望多长时间完成"这些必要信息传递
给对方就可以了，这很关键。

　　下水道、玄关、卫生间的清扫是每天都必须进行的，我采
取的是迅速的"随手同步清扫"模式。不堆积污物垃圾，每次
清扫很快就能完成。

轻松行动的家务工具大推荐

扫帚
让清扫变得兴致勃勃

　　无论是地板、榻榻米还
是地毯的清扫，都需要用到
"棕榈毛扫帚"。狭窄的地
方很容易就能清扫干净，垃
圾很容易就集中起来，清扫
后的地板产生天然的打蜡
效果。这种扫帚我连续使用
了五年以上，用坏了就去买

个同样的新品，是经过时间考验的可靠工具。

牧田（MAKITA）吸尘器
孩子们也能轻松拿起来

牧田（MAKITA）棒状吸尘器轻巧无线，价格也很合理，在我家是无可替代的家电。我家使用的是CL105DW吸尘器，丈夫和孩子们都可以用这个吸尘器清扫整个房间。也可以把用扫帚清扫出来的垃圾吸进去，再清理机器。

扫地机器人
让清扫地板自动化

家人休息时清扫地板的家务就由扫地机器人"Buraaba"来负责。和吸尘器不一样，扫地机器人不会扬起灰尘，能够把地板清扫得干干净净。清扫过的地板会浮起一种洒过水一般的清新空气，非常不可思议。因为扫地机器人作业的噪声非常小，所以夜里或孩子午睡的时候也可以工作。

三个习惯分解清洁压力

不使用台面抹布

清洁餐桌，比起抹布，我更喜欢使用一次性清洁巾。有凹凸面的清洁巾可以顺利除去污渍，一张不仅能擦餐桌，擦完还可以用来擦餐桌下的地板，利用率很高。

"随手清洁"不易围积污垢

很容易产生尘土和污垢的玄关，特别容易变脏的卫生间，我都放着清洁巾。送家人出门的时候就随手清洁玄关，自己去卫生间的时候，顺手上上下下清扫一遍。每天一次，一次只需几秒钟。

玄关除味也要规范化

为了防止玄关处有异味，回家之后我们一家都会马上对鞋子使用除味喷雾。全家出去的时候，最后一个走出家门的人负责把鞋柜门打开，这样就能让鞋柜通风换气；等到回家的时候也省去了打开鞋柜的动作，可以一下子把鞋子收好，一举两得。

特别建议

全家各自心仪的清扫工具大比拼

如果打扫起居室，我会使用扫帚，丈夫喜欢牧田（MAKITA）吸尘器，大儿子习惯用无印良品的拖把擦地板，二儿子喜欢用黏性滚轮骨碌骨碌地把垃圾都清扫起来，女儿则是拿着无印良品的刷子来帮忙。虽然不是天天如此，但在周末出行之前大家一起做家务，真的非常棒！

我

女儿

二儿子

大儿子

丈夫

整理"规范化"(起居室篇):
防止全家人"乱放东西"的密钥

消灭地板上堆积的杂物

整理散落在地板上的物品,是效率极低又非常耗时的家务活儿。"捡起来"这个动作增加了腰部的负担,来来回回弯腰就没了继续收拾的气力,慢慢地房间就变得乱七八糟。同样数量散放的东西,如果不是扔在地板上,而是在桌子上或是架子上等相对位置较高的地方,其实可以减轻很大的负担。

所以,可以试着制订一些类似"不要在地板上放东西""晚上八点钟以后还在地板上放置的东西,就被默认为无用之物可以扔掉"之类的规则。全家人都会渐渐依照这个时间节点,自动自觉地收拾起来。

减少收纳的量才能让需要的东西保留在视线之内，所以要严选真正必要的物品。这样一来，即便年幼的孩子也可以在自己的空间完成简单的整理。

先归类，再收纳

"真想制订个规矩可以马上收拾好家里的东西""真是不知道应该在哪里摆放什么东西"……我经常听到这样的声音。其实解决方法很简单：把物品收纳到经常使用的地方。

我家在起居室收纳的物品非常少，依照使用的频率把物品分为了一类和二类，只把经常使用的一类物品收纳在起居室，所以空间就十分充裕。

哪里使用放哪里的收纳法

收据
文件夹中分类存放

养成购物归来把收据发票放到文件夹中存放的习惯。以金额作区分，价目一目了然，这样做的好处是很容易注意到一些细节："这个月外出就餐开销很大，得注意节省一下！"这个文件夹可以和家庭收支账本联动进行分类，有助于便捷地管理家庭的财务收支。

文具
分成一类和二类

文具收纳在无印良品的聚丙烯收纳盒里。"剩余很多的"和"余量不足的"一目了然。依照使用的频率分为一类和二类，每天使用的一类文具放在收纳盒的最上层，使用频率低的二类文具放在下层。

书籍和印刷品
极少的一部分就收纳在大文件夹里

学校、幼儿园的打印文件、纸质资料等，确认了数量之后就统统收纳到大文件夹里保存。然后定期用智能手机或电脑存储到网盘，夫妻共有。数据保存后，就可以处理掉纸质资料。

卡类
区分为两类

积分卡等卡片，需要分成"使用中"和"最近一年没有使用过"来分别收纳。钱包中只放"使用中"的卡，不常用的卡片依照类别加以区分，这样能有效解决找不到需要的卡片的情况。

卫生用品
在靠近使用地点的地方收纳

每天早上都需要给孩子们测体温，所以卫生用品就收纳在可以书写的高度的台子下面。游戏机、iPad、

智能手机等都需要每天充电，所以就收纳在插座旁边。要考虑使用的地点来决定收纳的地点，这也是防止物品乱放的妙招之一。

电池
能够看到库存并及时补充的好办法

受到丰田"不要在有需要的时候才想解决方案"这一工作思路的影响，我制订了 "如果只剩两节电池就要购买补充"的规则。家人中谁取用时发现余量不足，会写下"电池还剩两节需要补充"的便笺相互提醒。

电池还剩两节需补充

不知道该放到什么地方的物品
先收到盒子里

　　刚刚购置的物品，还没有决定好放在哪里，不妨先收到盒子里。准备全家共用的盒子，每个人自己使用的盒子也不可或缺。没读完的书、没完成的手工等都可以暂时收纳进去，这样，房间的凌乱感减少了很多。

电子传感垃圾桶让"扔东西"变
得有趣

　　我家有一个电子传感垃圾桶，只要用手接近就可以自动打开关闭，无须直接接触就可以扔垃圾，干净又方便。这样的设计引起了孩子们的兴趣，他们都很积极地承担起扔垃圾的任务。

推荐使用圆形的餐桌

在Boconcept北欧风情家具店购买的延伸式圆桌如果伸展开，不仅可以用餐，还可以学习、工作、聊天、玩耍，基本满足家人各自的需求。只有一个支撑立柱，打扫起来也非常方便。椅子的数量没有限定，所以可以应对很多客人来访。大家围坐在桌边，非常适合面对面交流。

不要在起居室收纳药物

我家的药物分为"口服药"、"外用药"和"其他药物"。"口服药"因为需要用水送服，所以收纳在厨房里，旁边放置水杯，吃药比较方便。我们一家通常都是洗澡后涂抹"外用药"，所以就放置在盥洗室，保证打开外包装就可以马上使用，尽量便捷。

整理"规范化"（玄关篇）：
防止外出遗忘的随手收纳

玄关处放置鞋子之外必要的东西

玄关算是家里的"外界"，在玄关应该放置外出时容易遗忘的东西。在玄关设置好收纳区域，外出时不用换鞋就可以伸手拿到需要带走的东西。

还有一点，尽量把从外面带回家的东西也放置在玄关，简单清理后再收入屋内。

帽子等大人外出需要的小物

Point 1

Point 2

孩子外出需要的物品

Point 3

Point 1: 黄金区域收纳卫生用品

打开玄关收纳柜，第一眼的黄金位置（相当于成年人的肩膀到骨盆的区间高度）收纳着口罩、消毒喷雾、纸巾、毛巾、止痒药等卫生用品，以及帽子、手套等外出必备的物品。因为全家人的身高不一样，所以就根据使用者的身高将各自需要的物品收纳在方便取用的高度。

Point 2: 孩子们的外套放在最下面一层

推荐大家把孩子们胡乱堆放在起居室的外套收纳在玄关。在收纳架的最下层放置衣物筐，可以随手扔进去，年幼的孩子也很容易习惯从里面取放自己的外衣。

Point 3: 外出游戏的玩具也在玄关收纳

玄关收纳架的下端空间放置一个有滚轮的箱子，球类、跳绳等统统收纳在里面。因为孩子的兴趣在不断变化，所以要征求他们的意见，然后严选玩具的品类和数量。

玄关"可视化"收纳

用于整理鞋子的标签

　　我自己手工制作了贴在鞋架上的标签，孩子们可以很方便地取用。确定了鞋子的数量（我家限制在每人三双），就要明确位置，每人一层，可以方便自如地收纳。这样做之后家里乱扔鞋子的现象改善了很多。

特别建议

车钥匙和印章挂在门旁边

在玄关门旁边的墙壁上，我挂了一个从百元店买来的铁质挂篮，专门用来收纳钥匙和印章之类每天都要使用的物品，这样随手取用很方便。但是，如果放置的东西太多，取用必要的东西反而不顺手了，所以在这个篮子里我只放置一把车钥匙和一枚印章。

特别建议

鞋拔子、门钥匙等建议用磁铁扣整理收纳

每天都要在玄关使用的鞋拔子、门钥匙等物件，建议用磁铁挂在玄关收纳。在靠近玄关门的位置用磁铁扣挂起来，平时不容易找得到的东西也能迅速归位。

不需要之物"在玄关处理"的诀窍

不把废弃的书报印刷品放在家中

广告宣传单等不需要保留的纸制印刷品，要在玄关迅速分类，放置到玄关收纳盒中。报纸也在玄关处阅读，读完了就随即放入收纳盒中，不要在起居室乱扔。

瓦楞纸板在玄关处理掉

预备好切割刀和胶带，快递的包装在玄关开封。不需要的瓦楞纸板放进车里，开车的时候顺路带到二十四小时垃圾回收站。

开箱和打包的工具都准备好，丈夫和孩子也可以分担这项家务。建立了这个方法逐步实行的话，这些"没有名目"的家务也就可以从自己身上卸下来了。

整理规范化（盥洗室篇）：
全方位"可视化"，日用品取用很轻松

反复强化容易取用的收纳方式

在盥洗室除了放置在此处使用的毛巾、洗涤剂等物品之外，还需要收纳沐浴后穿着的内衣和睡衣。（参照 P38）

内衣收纳在一个大的整理箱里，扔进去时很方便，孩子们找起来却不太容易。所以我就区分开了袜子和内裤，分门别类收纳，方便取用。

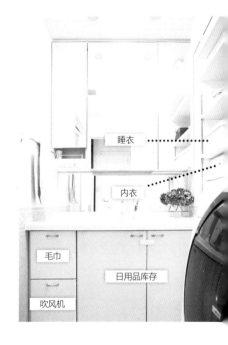

睡衣

内衣

毛巾

日用品库存

吹风机

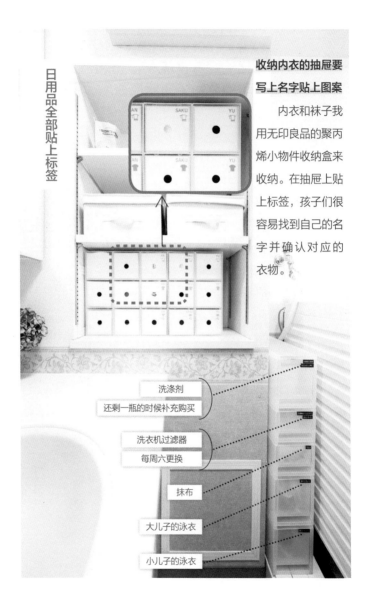

收纳内衣的抽屉要写上名字贴上图案

内衣和袜子我用无印良品的聚丙烯小物件收纳盒来收纳。在抽屉上贴上标签，孩子们很容易找到自己的名字并确认对应的衣物。

洗涤剂

还剩一瓶的时候补充购买

洗衣机过滤器

每周六更换

抹布

大儿子的泳衣

小儿子的泳衣

洗面台下的存货全家人都了如指掌

　　洗面台下是我家日用品的库存收纳处。曾经失败的经验是买回来印有"LAUNDRY"（洗衣）之类的英文标签，因为孩子不认识这些单词，所以几乎每次都会询问："XX 放在哪里了？"于是我就把"LAUNDRY"换成了"洗衣用""洗手用"的标签，家里的每个人都能了如指掌。

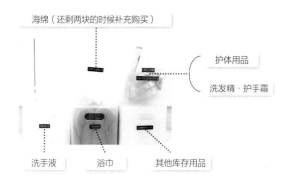

海绵（还剩两块的时候补充购买）

护体用品

洗发精·护手霜

洗手液　　　浴巾　　　其他库存用品

特别建议

毛巾取用规则

毛巾分三步折叠，即①长方形折起→②对折→③分三部分折起，最后放入抽屉中。洗干净的毛巾放置在最深处，形成从摆在外边的毛巾开始使用的规则。用旧破损的毛巾定期收集起来，一年左右统一更换一次。

——请从这里开始使用

床品拆换"规范化"：
使用床垫，出其不意，实现家务分担

我家孩子爱铺床

因为有了孩子，我家就以此为契机用床垫取代了床。

"床垫和床不一样啊，来来回回拆换被褥不是很麻烦吗？"有人会提出这样的疑问。我家使用的不需要褥子的三折型"一体式床垫"具有以下特点：

- 折叠简便，铺起来也很简便。
- 因为可以洗涤，所以弄脏了也没关系。
- 白天可以折叠起来，房间可以变得宽敞。
- 在家里的任何地方都可以铺开睡觉。

日常使用床垫还有一点好处就是一到就寝的时间，孩子们就会率先开始准备寝具，因为他们关心"今晚在哪里睡呢？"。而且这种床垫和传统的褥子不一样，折叠起来非常简单易行，所以小孩子也可以胜任。

　　每天早上把床垫靠墙树立,床单每天洗涤。这样一来,头发、灰尘不容易堆积,不用特别辛苦也能够保证寝具的干净整洁。

竖起来收纳可以防止发霉

不再使用传统的褥子而是选择三折型床垫，因为床垫有足够的厚度可以立起来收纳，选择比较靠下的地方收纳，五岁的孩子也可以自己折叠好收进去。"取下床单扔进洗衣机""晒晒被子""把掉在地板上的头发清扫干净"等家务是由每天早上最后一个起床的大人来负责的。

可以自由自在地变换睡觉的场所

有了床垫，夏天选择睡在空调功率较小的房间，冬天睡在阳光温暖的和室，有事的时候就在起居室，有人身体不适需要隔离就选择孩子们可以边看电视边休息的房间……可以随意选择睡觉的场所，居住体验十分有趣。大家一起动手准备寝具，亲子协同工作的机会增加了。

家务分享的核心全在"模仿"和"改善"

模仿"好方法"但中途受挫，那就考虑一下改善的良方

家务分享并不是气势强弱、发号施令的问题，只要形成了有效的"规范"，一切问题都会迎刃而解。

本章给大家介绍的"规范"，说到底都是我家的案例。各个家庭的状况因为家庭成员的年龄、生活习惯、喜好等各不相同，所以必须制订适合自己家生活状态的"规范化"。

从一开始就能制订出最适合的方法是非常困难的，不如大胆模仿他人的方法，然后再根据自己的生活状态和遇到的问题做一些适度的改善。

自己制订的规范不能顺畅实行的时候，一定要好好观察。发现了中途受挫的理由，解决了这个问题，你的方法才会真正开始起作用。反复实践，家务分享就会非常顺利地进行下去。

制订规范的第一步，从模仿开始行动

丰田集团没有从零开始制订的"规范"，而是从以往成功

和失败的经验中持续学习，以其中最有效的实操方法为基础，制订合适的规范。

当感知家务分享进展不顺的时候，参考一下本书中介绍的建议，试着模仿一下；或者把建议的信息源扩大到自己的生活里，从朋友那里听来的方法、在家务博客中学到的一些妙招都是很适合的实践起点。

不顺利。
为什么呢？想想看

进展顺利。
提出新想法，试一试。

如果模仿推进不顺，说明还有改善的余地

丰田用语中的"改善"是指现场的工作人员经过自发思考、实践想到的解决现有问题的好方法。

家务分享中无数问题都需要积极寻求改善。例如，在收纳盒上贴了写有"玩具"的标签，孩子们也不肯收拾，不妨把写名称的标签换成照片，或是用透明盒子换掉不透明的收纳盒。总之，要学会悉心观察、找出原因，和家人一起制订解决问题的方法。

自家"家务分享"的水准如何?

Step 1

家务中关于不均的测试

☐ 自己的家务方法每次都是错误的。

☐ 家务怎么做也做不完。

☐ 把已经开始做的家务放在一边,开始做另一项家务。

☐ 只有要来客人的时候才干劲十足地做家务。

☐ 即便想拜托家人分担家务,也不知道该让他们做些什么。

如果选择了三项以上,请阅读第二章 GO!

Step 2

家务中关于无用的测试

☐ 只想把自己的物品放在置物架上,家人的物品都想扔掉。

☐ 总会从家里发现买来从未开封的物品。

☐ 洗涤后的衣服在房间里堆积如山。

☐ 玄关到处是鞋子。

☐ 不论做什么事,都是从备齐工具开始,结果许多都没有用上。

☐ 去了一趟百元店,结果买回一大堆计划外的东西。

☐ 总是觉得时间不够用。

☐ 无论做什么都很耗时。

如果选择了三项以上,请阅读第三章 GO!

Step 3

家务中关于为难的测试

☐ 总觉得别人做还不如自己做，所以就变成自己一个人承担家务活了。

☐ 丈夫每一天都晚归，生活成了自己一个人的比赛。

☐ 丈夫从未说过"谢谢你做了这么多家务"。

☐ 羡慕别人家的丈夫会协力分担家务，对自己的丈夫充满了埋怨。

☐ 丈夫在家的时候，不是看手机就是睡大觉。

☐ 休息日丈夫在家，清扫的时候反而碍手碍脚，希望他出去。

☐ 在家里经常心情烦躁和丈夫争吵。

☐ 几乎从不和丈夫交流关于家务的烦恼。

如果选择了三项以上，请阅读第四章 GO！

Q 东西越来越多怎么办？

我很热衷做手工，所以家里的布料和毛线不断增多，该怎么收拾呢？

（四十二岁女性／和丈夫、一个孩子一起生活）

A 我也很喜欢做手工，所以我很清楚毛线是多么占地方的东西。布料和毛线之所以增加，原因是不断地购买。弄清楚家里囤积了多少，消费完毕估计需要多少时间，制订简单的使用计划，一点点把库存使用完。不做计划只是收拾整理，就好比运动瘦身只是一味地寻找能穿进去的衣服，不能从根本上解决问题，这一点必须注意。

Q 如何保持房间的整洁？

如何才能更长久地保持房间的整洁？即便收拾干净了，没几天就变得又脏又乱。

（三十三岁女性／和丈夫、两个孩子一起生活）

A 您家里有没有开始形成"全家人共有整洁的房间"这种概念呢？把"整洁的状态"拍成照片，每天对照着把房间复原成照片里的样子，持续两周左右，全家就会形成习惯，主动去做些什么让房间保持原样了。还有就是每天要规定必须整理（清扫）的时间，不厌其烦地重复强化，这是实现目标、达成结果的捷径。

Q 舍不得扔掉有纪念意义的东西

孩子的东西在父母看来总是充满纪念意义，实在舍不得扔掉，我非常想知道处理的诀窍。

（二十七岁女性 / 和丈夫、一个孩子一起生活）

A 如果一些物品无法处理的理由是"不知道什么时候或许还会用得上"，那么就把看起来还会使用的物品放进箱子；如果理由是"虽然不会再使用了，但是非常有纪念意义"，那么就逐一装饰起来。任凭这些"重要的回忆"只是默默地守在箱子里，实在是太可惜了。这一项的整理可以稍微延迟，好好规划一下再动手。

消除"无用"
——严选物品与省时绝招

减少家中物，家务更容易

减少物品才能让结构方法顺利实施

在丰田集团有一个理念叫作"消除无用"。这一点运用到家庭生活中，就是"减少家中的物品，让做家务变得容易起来"。

如果为了分享清扫这项家务，已经准备好了扫地机器人等家人喜欢的扫除工具，却发现地板上散放着各种物品，清扫之前必须花很大气力收拾，甚至连拿出清扫工具都很费劲，这样的话，无论形成多么合理的"规范化"也都没法施行。

另外，家务本身就是很耗时费力的事情，如果全家上阵，做家务的时间一点儿也没减少，大家做家务的热情也会随之消退。所以想要实现家务的分享，那么"减少物品"和"缩短时间"是必不可少的。

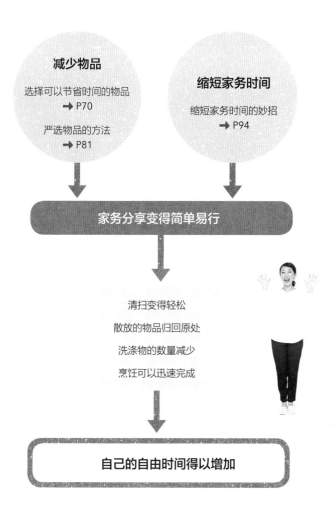

减少物品

选择可以节省时间的物品
➡ P70

严选物品的方法
➡ P81

缩短家务时间

缩短家务时间的妙招
➡ P94

家务分享变得简单易行

清扫变得轻松

散放的物品归回原处

洗涤物的数量减少

烹饪可以迅速完成

自己的自由时间得以增加

别从"扔掉"开始减少物品

为不擅长扔东西的人设计——
"扔掉"前物尽其用的三个步骤

说起减少物品，许多人首先想到的就是"扔掉"，这其实是一个大误区。

为什么从"扔掉"开始反而不成功呢？因为我们在考虑是否要扔掉某个东西的时候，难免会想"这个还能用的吧""或许有人还能用"，继而就会陷入"想扔掉—先不扔掉了—家里的东西堆积如山"的漩涡。

现在，环顾一下家里，你觉得除了垃圾之外，什么东西是可以扔掉的。

其实，很少有东西是彻底不能再用的。

在这里我想介绍一种方法，即便是不擅长扔东西的人也能轻松顺利地减少物品。希望大家都可以在自己家里实践一下这种容易理解、易于实施的方法，让物品能够物尽其用。

专为"不擅长扔东西的人"推荐的好方法

第一步：充分发挥作用

清点一下家里有没有收藏很久的东西，或是很久都没有开封的东西。如果说"扔掉"意味着"可惜"，那么家里那些根本就不用的物品，放着不也是很 "可惜"吗？所以应该努力思考出让家里现有的物品 "充分发挥作用"的方法。

第二步：把物品区分为一类和二类

经常使用的物品归为"一类"，放置在取用方便的地方。一段时间内不使用的归为"二类"，放置在纳窗[1]或是抽屉的深处。这样就能让物品取用更为合理。

在第一步中，如果物品都能够物尽其用，就会腾出一些空间来。如果还是空间不足，就再次回到第一步。

第三步：装饰

现在不再使用了，但舍不得扔掉的物品，可以用作室内装饰。判断是不是可以改造成装饰要看"是不是能够让现在的你感到温暖满足的物品"。不过装饰也是为了使用，如果不能实现也没什么，不必刻意去改造。

[1] 日式住宅中作为仓储使用的房间。

第一步：充分发挥作用

清点不再使用的物品是腾出空间的好机会！

"厨房的柜子""纳窗""壁橱的上端"……家里的许多地方挤满了太多已经不再使用的物品：抽屉里的餐具和毛巾、免费领取的咖啡等等，扔掉之前让这些物品发挥作用吧！

手提行李箱

行李箱和大尺寸的手提箱，也可以在平时作收纳箱用。我家的大行李箱收纳着当季不用的寝具，体积很大的羽绒被压缩之后放入手提箱，无须占用衣柜的收纳空间；滑雪服等户外运动装备也很适合收纳在手提箱里，格外便利。我家把出差用的工作用品也收纳在手提箱里，出差的时候就不用花时间从头整理。

粗品的毛巾

我时不时会免费入手一些质地粗糙的毛巾，因为扔掉很可惜，所以囤积起来，反而浪费了很大的空间。于是我用这些粗品毛巾来清扫地板，水中混合薄荷油、云母油，清洁过的地板和窗子都闪闪发亮。

烤箱、微波炉的网架

烤箱、微波炉的烧烤网架平时不常用，还很占地方。我家把网架放在煤气灶下方的收纳台上。网架上面放压力锅，下面放烧烤盘，网格上还可以立起来放锅盖。

洗漱用品小样

很多人抱着"旅行的时候会用得上"的想法，所以洗漱用品的小样越积越多；等到真的出去旅行了，反而忘记带。所以一旦拿到了小样，就马上使用。防止遗忘、迅速使用的诀窍就是把小样开封之后放在浴室里，这样就可以及时用掉了。

被套

家中最有代表性的体积膨胀的物品就是"寝具"了。冬季作为被罩来使用的无印良品"麻平织被罩"，在夏天当作毛巾被来盖，就能节省不少空间。另外，亚麻的材质贴身触感很舒服，可以一夜好眠。

间隙

家里柜子与墙边带间隙空间，我放入无印良品的聚丙烯小物收纳盒。洗衣机和架子之间的防水板上放置三张锯齿板（用 SERIA 的水性油漆涂成白色），在上面放置收纳盒。防水板不易积尘，充分利用了家中的空间。

衣服

因为丈夫的博柏利（Burberry）斗篷风衣比较薄，所以一到冬天基本就藏在衣柜的最里面。如果在风衣内侧缝上优衣库的羽绒背心，寒冷的天气也可以继续穿。有些物品本想使用，但是功能有限，下一点儿功夫改造就能更好地物尽其用。

第二步：把物品区分为一类和二类

　　如果仅仅单纯地把物品区分原则定为"使用的留下""不使用的扔掉"这两种，恐怕整理的中途就会被迫停下来。"家"与"职场"的区别在于"家"是"生活的场所"，即便是不使用的东西，也不见得必须扔掉。

> **频繁使用的物品和真正想使用的物品**
> **放置在取用方便、易于收回原处的地方**　　　　一类
>
> 　　"频繁使用"和"真正想使用"的物品应该归为第一类。要把这些物品放在取用方便、易于收回原处的地方，要强化"可视化"意识。注意不要塞得满满当当，保证取用顺利。

> **使用频次低的物品和现在不用但是将来可能会用得上的物品**
> **放置在不太易于取用的地方，贴上标签来收纳**　　　　二类
>
> 　　"使用频次低""现在不用但是将来可能会用得上"的物品应该归为第二类。二类物品收纳在抽屉的深处、吊柜、阁楼等不太易于取用的地方就可以。不过，为了防止遗忘，要在收纳的时候贴上标签。

或许可以采取这样的区分方法

餐具

　　每天都要使用的一类餐具，要选择那种适合于任何菜品的颜色、尺寸大一点的，每样买两个。一类餐具还要包括孩子们各自喜欢的餐具。归于二类的则是那些款式心仪但只适合某道菜品的餐具。

每天都要使用的餐具
每样两个重叠收纳

偶尔才会使用的餐具
放置在餐柜的最下面一层

玩具

　　归为一类的玩具，要控制在每天五分钟即可收拾完毕的数量，这样可以大大减轻整理的压力。二类玩具放置在孩子们够不着的吊柜里，因为贴好了标签，所以想要哪一样也可以马上找出来。

"孩子最喜欢的玩具"
放在可以看得见的场所

 一类

其他的玩具放在吊柜里

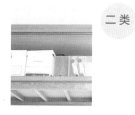 二类

包

　　每天使用的是一类包，可以在回家之后在玄关把钱包和智能手机拿出来，然后包就放在玄关。平时不怎么用的二类包放进筐里，收纳在衣柜的上端格子里，不要随手乱放。

经常用的包就放在玄关

 一类

放在竹筐里收进衣柜

 二类

第三步：装饰

扔掉了觉得可惜，或是存有回忆的物品，一定要想办法装饰起来。"装饰"是一种高级的"使用"，物尽其用，会让附着的回忆变得深切醇厚。

餐具

个性十足的杯子、活动获赠的高级玻璃制品等，这些日常使用起来并不顺手的物件，不如当成居家装饰品。杯子可以用来养绿植，玻璃制品找到合适的位置可以直接装饰起来。

旅行的纪念

想要真正感受旅行的乐趣，就不要带相机，也不必买什么特产。旅行结束带回来一些介绍手册和门票，在墙壁软木板上排列装饰是一种很好的"活用"。

孩子的作品

我家有这样一种仪式：孩子们期末带回来的手工作品，要在全家做一个"作品发布会"，孩子们自己说一说创作的理念和感受，全家人评选出最优秀的作品在家里装饰起来。孩子们平时带回家来的折纸等手工作品，则作为玩具尽情地玩，直到玩坏为止。

心情静好的家居装饰四大神器

即便不增加物品，也可以实现极好的室内装饰。如果能够感知季节变换，房间就会瞬间变得令人心情愉悦。

1. 绿植

"好想改变我家的装饰啊！""真想把房间好好装饰起来！"当你的心里开始有这样的念头，别去一股脑儿地买许多杂货，去买些绿植和鲜花。切花插在杯子里

就很可爱，如果很介意鲜花太容易凋谢，那就选择枝条感强的绿植。

2. 芳香精油

天气不好或是心情不佳的时候，可以使用蜡烛或是香氛机，在心仪的香氛里放松身心。在瓶子里加入芳香精油，还可以作为除味的芳香剂在厕所使用。

3. 音乐

当我想要给自己鼓劲的时候，每天早上我做家务的时候会播放音乐。在钟爱的旋律中，心情会好起来，家务和工作都会有所进展。用盒子把 CD 分好类再统一收纳，这样可以节省很多空间。

4. 照明

只需一盏灯，就能让空间的印象大有改观。换上具有氛围感的灯具，白天给空间增加清爽感，夜晚营造出温柔的成熟味道，我家这种日式现代风格的天然木质罩灯让人心情愉悦。

严选物品——别再为选择而浪费时间

虽说存在个体差异，但普通人每天大约可以做一万次判断。决断所消耗的时间一旦增加，大脑在进行判断的时候就会出现"决断疲劳"。这种精神层面的疲劳一旦积蓄过度，就会造成身体功能低下、情绪烦躁等问题。

为了不积蓄"决断疲劳"，就必须通过减少选项来减少选择。例如，当心中犹豫不决用什么洗涤剂的时候，那就采取不用洗涤剂的方法（P84）。

"去洗澡还是先吃饭"，对于忙碌一天下班回家的人来说，这种犹犹豫豫的选择，反而造成了不必要的压力。提升家庭幸福感，一定要审视一下你是否在种种选择中消耗了时间和精力。接下来，我会分享自己在家中是如何做到两步严选物品的。

任何人都可以做到！——减少选项和精准决定的智慧

第一步：减少选项 P83

　　吃的东西、穿的东西、使用的东西……在许许多多的决定中，我们打造出"每天的生活"。在其中，许多被默认为理所当然的选项，其实是可以有意识地做减法的。如果能更顺畅从容地做选择，一定能更真切地感到不为选择所惑的畅快。

第二步：决定物品的数量 P86

　　选择物品是一件很疲惫的事，在一样一样做选择上消耗时间是非常没有意义的。尽量给家中每种类型的物品数量都做出限定，就可以在有限的选项中轻松地做出选择了。

特别建议

"让人困惑的物品"不断增加，怎么办？ P88

| 书·杂志 | 文件 | 有纪念意义的物品 | 餐具 | 衣服、鞋子、寝具 |

第一步：减少选项

一天之中，我们做"选择"次数最多的就是"饮食"和"穿着"。围绕"今天吃什么？""今天该穿什么？"的无数次决定，都是潜意识知道"选项太多"的产物。

餐饮
早饭的选择

火腿、纳豆、海苔等早餐的固定食物都放置在餐篮里，在冰箱里常备，家人想吃什么都可以自取。采买面包的时候，我通常会买一个格兰诺拉麦片面包，切片后可以吃很多天，吃腻了再换一种，这样就减少了选择的可能。

调味汁一种就足够

许多人家的冰箱装着许多种调味汁，可是实际上全家的口味并不是那么复杂多变。我家最近正在使用"芝麻调味汁"，如果家人有其他的需求，吃完再换就好了。这样既能防止犹豫不决的烦恼，也给冰箱腾出了空间。

日用品

多功能洗涤剂

我使用洗涤成分是米糠、椰子、松油的"微笑力量"牌皂液。除了清洗餐具之外，还能打扫浴室、清洁马桶，是一款多功能洗涤剂。我就是这样把自己从选择各种专用洗涤剂的困扰中解放出来的。

不用洗涤剂来清洗的好物

在洗涤的时候，我喜欢用洗衣袋装入高纯度镁作为洗涤剂的代替品。一旦决定洗涤剂的种类，我家基本一年不会更换，只在用完的时候进行补充。此外，这些物品本身带有除味功能，在房间里晾晒可以清新空气。

服饰

发饰

我选择发饰、化妆用品的基准是当天想展示出来的特质，所以我用整理筐区分出"休闲用"和"工作用"两类，这样大大缩短了选择的时间。

衣服

调查显示，每天人们想着"今天穿什么好？"站在衣柜前犹豫不决的平均时间是十六分钟。我选择衣服的第一要点是"当日的温度"，第二要点是基础色系的薄款打底，每天根据温度调整披肩和外衣来防寒，这样就缩短了选择衣服的时间。

鞋

我选择鞋的基准是"当日穿鞋的时间"或者说"行走的距离"。我把鞋子分为"长时间穿用的""一般时间穿用的"和"2km以内穿用的"，便于选择节省时间。我最常穿的是这双5.5cm高的方跟鞋，走路非常舒适，满足我绝大多数的出行需求。

包

选择包的关键点是今日要携带物品的数量。我把包分为"携带物品多时用""放入A4文件时用"和"只带钱包和手机时用"三类，尽量选择实用的设计和质地，选择包的时候就不那么费时了。

第二步：决定物品的数量

实践了分类的方法，思考一下一周、一年里需要使用物品的数量并不是无止境的。所以，制订一个对自己而言"最合适"的数量额度，决不增加，这样就会让家务轻松起来。

鞋限定在十双以下

我做过一个调查，全日本平均每人拥有十双鞋，每周大概要穿三双鞋。那么在本周穿的鞋之外，加上自己钟爱的和出席婚丧嫁娶活动穿着的鞋子，保持鞋柜里只有十双鞋的状态。

衣服限定在一百件以下

我把每个季节的衣服定在二十五件（上衣七件、下装七件、工作装两件、外衣五件、运动装一件、婚丧嫁娶服装两件、睡衣一件）。大家可以根据自己的需求决定衣服数量，如果确定在和我相近的数量，大部分的衣服都可以用衣架挂起来，可以大大缩减叠放、选择的时间。

毛巾限定每人六条

我家给每个人限定的毛巾数量是六条（早晚洗脸毛巾两条、浴巾一条、洗手间用一条、厨房两条）。需要洗涤的衣服量大时，可以不严格区分浴巾的用途、适当减少每个人的毛巾条数，也可以用纸巾或洗面巾代替洗手间用的毛巾。

包限定在十个以下

包是典型无须试用就可购买，但是容易冲动消费的物品。现在我恪守买包一定要慎重的铁律，购买时分别从尺寸、用途的角度逐一严格考量，冷静消费。

内衣限定在三件以下

估计会有人认为，内衣是外人看不见的东西，不必花心思。但是内衣的更新很快，基本上半年就要全部换新。因为频繁洗涤，我建议每半年限定三件就足够了。

兴趣之物限定为两种

不管多忙，我们总会有自己特别想做的事。不过与兴趣相关的物品，一般并不会有很多。不必苛求清理掉自己心仪的物品，但是我建议尽其所能把"如今着迷的东西"限定在两种以下。无谓地增加物品、道具，反而会分散精力，无论是什么爱好，难免半途而废。

家用餐具限定十一种、客用餐具限定五组以下

我家餐具数量的最低限度是十一种（大号盘、中号盘、小号盘、大号深盘、中号深盘、小号深盘、咖啡杯、玻璃杯、茶

杯、茶碗、汤碗）。五人家庭，准备两套这样的餐具组合就足够了。来客用的餐具以五套为基准，不够就临时用一次性餐具来解决。

孩子的衣服上下装各限定在五件以下

孩子的衣服也是五件上衣、五件下装就足够了，新生儿也是一样。多于这个数量，孩子们自己会挑花眼。我家的孩子们各自有五套衣服，其中一套在车子里常备，如遇外出突然身体不适等状况非常有用，在发生堵车、灾害等突发事件的时候也是有备无患。

如何处理日积月累的"困扰之物"

书、文件、照片等等，都是不知不觉就堆积如山的物品。这类东西不要"过后再整理"，随时随地不厌其烦地迅速整理才是让家务清爽顺畅的关键点。

书、杂志

只需放入文件盒中

准备一个箱子或者篮子作为文件盒,如果决定了收纳地点,除了放进这里别无他处,那么书和杂志就不会增加了。

妻子

整理夹中多数是一些与工作相关的书籍,读完之后就送给有需要的人。

丈夫

这个月是英语,下个月是有关资格考试的学习。根据每月的需要决定资料内容,统一整理。

文件

除了极少一部分之外，都存入笔记本电脑保存

学校、幼儿园等打印的文件，除了必须纸质确认的之外，用智能手机或者电脑保存。每天留出五分钟作为数字化保存时间，之后纸质文件就可以处理掉了。

纸质保存

孩子们本月的预定活动等粘在一起，每个孩子大概两三张。

数字化保存

保留的纸质文件之外的内容均做数字化处理。以月为单位，定期整理删除。

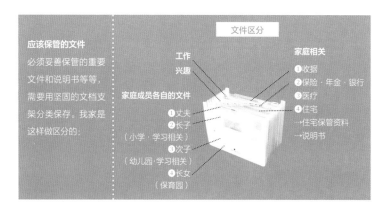

应该保管的文件
必须妥善保管的重要文件和说明书等等，需要用坚固的文档支架分类保存。我家是这样做区分的：

文件区分

工作
兴趣

家庭成员各自的文件
❶丈夫
❷长子
（小学·学习相关）
❸次子
（幼儿园·学习相关）
❹长女
（保育园）

家庭相关
❶收据
❷保险·年金·银行
❸医疗
❹住宅
→住宅保管资料
→说明书

有纪念意义的物品
经过严选才能真正留住记忆

孩子们的照片不断增加，选出最精彩的瞬间，收藏在相册里。如果集中在一本相册中，那么看照片的次数反而会增多。为了让记忆深刻的照片能够唤起旧时光的点点滴滴，选出最精彩的那部分供家人一起翻看。

照片

确认了压岁钱彩票的中间号码之后，一些明信片、贺年卡就可以处理掉了。为一些有纪念意义的信件准备一个"回忆盒"，把重要的东西放入其中，每次翻看心中会有别样的感情。

餐具

放置不用才是最大的浪费

平时不使用的杯子、玻璃器皿就用来当作插花的花器，小盘子或者略深一些的器皿，就用来收纳钥匙等小物件。

衣服

活用租赁模式让衣橱不再膨胀

我目前穿着的衣服分为白色、灰色和藏蓝色三种色系，都是基础款。流行的服装则选择租用，利用"扩展壁橱"的租赁服务，同类服饰七选一，租赁一个月。丈夫也在租用男款衣服。

鞋

不再穿着的鞋子要尽早放手

　　拥有的鞋子中，束之高阁不怎么穿的最主要的三个原因是"尺码不合适"、"穿脱麻烦"和"某某场合专用所以其他情况下根本没机会穿"。以现今人们的生活，很难会把鞋子穿到破损的程度，所以趁着鞋子簇新的时候，分送给他人吧。

寝具

来客用的被褥租用是最佳选择

　　来客用的被褥数量并不多，如果选择租用，在网上就可以预订全国配送的干净被褥，每晚 2000 日元左右的价格十分合理，如果选择本地的寝具店还可以节省配送费。

缩短家务时间的妙招——全家动员，减少残局

忙于育儿，还有堆积如山的工作，如果每天仍然要做一日三餐，实在是很疲惫的事。虽有偶尔也会买些现成的来应付，但大多数时候我还是会努力为家人烹调饭菜。

但是，大家是不是有这样的一种感觉，即便是在做饭的时候节省了很多时间，但是收拾饭后残局却依然要花大把的时间？调查结果显示，"在厨房度过的时间里，80% 都是在收拾残局"。这就说明在专心"做饭"的时候，人们并没有考虑到事后的工程——"收拾"。

在丰田团队中，并不主张这种"部分最优"模式，而是追求能够考虑到包含工程整体流程环节的"全体最优"模式。并且，为了这个共同的目标，每一个人都要各司其职，发自内心地参与到其中。

家务也有必要形成一个全体家庭成员都行动起来，全面考虑具体到如何收拾厨房等细节的模式。

一秒钟都不愚蠢地度过，这就是"丰田式"时间缩短术

要想一点点减少在厨房的时间，就要在缩短烹饪时间的同时，缩短收拾残局的时间。受灾时很有用处的塑料袋烹煮（见 P98），用后只需丢弃塑料袋，不必花时间冲洗。

的精髓。

　　使用后需要收回抽屉里的工具，不如用磁铁贴在墙上，即便不用抬头看，伸手就可以拿到，随手可归原处。在丰田公司，所有的工作人员就是努力着一秒钟一秒钟地缩短时间，将每一个项目实打实地向前推进。

　　例如，准备餐食的时候，把调味料放在触手可及的地方，一望即知。事先准备充分可以大大节省整体过程时间的要素有很多。

　　一秒钟也不糊里糊涂地度过，每一天的点滴进步积累出成果，这与家务时间的全面缩短有着密不可分的关联。

烹饪：从家人需求出发，随手随性烹饪

**烹饪过程中离开厨房，
做其他事情的方法**

烹饪从采买开始，到准备、烹调、吃饭、收拾、倒垃圾……实属一项极其庞大的工程。

在这个庞大的工程中，最耗时的是"烹调"和"收拾残局"这两个焦点内容。如何能够在这两个内容上彻底节省时间呢？我想给大家介绍三种高效烹饪方法。

万能料理机
仅需放入就可以烹调出美味

夏普的"万能料理机"只需把食材和调味料放进去，就可以自动烹调，属于电气式无水锅。因为可以自动混合搅拌，所以在烹调过程中无须打开锅盖。咖喱、炖菜这些炖煮蒸的菜肴用它自然非常适合，就是做炒菜也可以避免热油飞溅，减少了洗涤清洁的工作量。

"狮子"牌压力烹调包
只需放入微波炉中加热，
就能再现刚刚出炉的味道

　　"狮子"牌压力烹调包，只需把食材和调味料放置其中，在微波炉里"叮"一下，就能做成一道美味的菜肴。既不需要烹调用具，也不必担心弄脏微波炉内壁。平时放在冰箱里冷藏，需要时打开即可迅速做出美食。

放入米和水即可

放入面粉和豆奶

做成美味的米饭和蒸糕

塑料袋料理烹调

灾害时期的应急方法也可以应用于平时

在塑料袋（高密度聚乙烯材质）中放入食材和调味料，扎紧封口，放入热水锅，用小火慢慢加热。这种方法不仅仅在有来客和遭遇灾害的特别时期适用，在平时的日常生活里也很适合，既不污染炉灶和锅具，还可以同时做出好几种菜肴，用来准备便当非常合适。

一秒钟也不愚蠢度过的林林总总小妙招

即便不一一细数也能一瞬间确认剩余量，下次使用的时候就能方便取用……看似仅仅可以缩短一秒钟的家务方法，其实非常有效果。不仅仅是节省出时间，更重要的是从繁复的思考和行动中解放出来，切实地减少焦虑。

缩短家务时间的关键点是"减少动作环节"——练习一只手来完成两只手做的事情，一点点积累，对将来是非常有帮助的。

预先的处理要集中完成

尽量省去"清洗、切菜"的工序

蔬菜买回来之后马上切好，加上从好市多（Costco）购买的混合冷冻蔬菜，放入密封袋放进冰箱。蘑菇等食材纤维分离后更易于入味，且节省了烹调时间。制作沙拉的蔬菜我选择超市卖的鲜切蔬菜，可以即时食用。

鲜切蔬菜

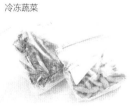

冷冻蔬菜

洋葱先切好，再放入冰箱保存

新买来的洋葱，把皮剥掉，自上而下切开，用保鲜膜包好放入蔬菜贮存室。即便是"今天什么菜也不想做"的时候，也可以迅速拿出洋葱做个炖煮。这样的整理方法或许可以激发大家的烹饪热情。

贮存前去掉包装

纳豆、奶酪等实物放进冰箱之前，去掉外部的包装，放入可以固定位置的食物篮。这样可以节省冰箱的空间、对食物的余量一目了然，孩子们也可以随时自行取用。

大米按照每一餐的量分好

大米按照每一餐的量（我家是五杯米）放入塑料袋里，也放在蔬菜贮存室里。做饭的时候把塑料袋的底部剪破就可以了，省去了每一餐都计算米量的麻烦。

更换包装让烹饪更轻松

粉末类放入塑料瓶保存

粉末状的食材和调味品放入密封塑料瓶中保存，可根据个人喜好选择款式和尺寸。塑料制品质地较轻，可以单手打开，密闭性好，粉末不易潮解凝固。我家是成套组购买的。

单手可以打开的调料瓶

因为想要在极其新鲜的状态下食用液体调味料，所以我一般都是每样各买 500ml，放入单手就可以打开瓶盖的调味瓶中保存。因为不滴漏不渗出，使用起来很干净。

合理布局冰箱

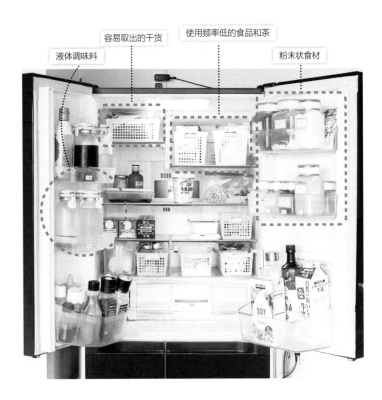

液体调味料

容易取出的干货

使用频率低的食品和茶

粉末状食材

立式存放—— 一目了然易于取用

冷冻室

　　我家冰箱冷冻室，长期用立式收纳法，一切都一目了然。隔板是100日元一个的面包盒。我推荐鱼、肉、蔬菜等副食也用这种方式分门别类存放。

便当盒成为收纳空间

　　用来装便当的密闭容器、杯子、盒子等等，可以放在冷冻室里成为收纳空间，用于冷藏放置那些热腾腾的食材也很便利。夏天的时候需要放置保冷剂，把所有的物品一并取出来，非常方便有效。

新鲜冻结区

让烹饪准备变轻松的三种组合

　　左边是"香料组合"；中间是黄油、果酱和芝士的"早餐组合"；右边是专为比较糊涂的人准备的收纳纳豆、鱼松的"米饭伴侣组合"。把这些收纳组合放置在冰箱比较低的位置上，孩子们也可以自行取用。

洗涤："晾干""叠放"的省时妙方

越是烦琐的家务越要力求缩短时间

　　因为洗涤是家务中最耗时的，所以我家的衣服基本上都使用烘干机。如果有些衣物不想使用烘干机，需要自然晾干，因为洗衣机的运转时间是不变的，所以就必须缩短"晾干"和"叠放"的时间。我以往尝试过很多方法，相比较觉得最有效的就是"在洗衣机前晾干"和"在收纳场所前叠放"。

　　从洗衣机里面拿出洗好的衣物，直接就在旁边用衣架整理好挂起来——然后移动到阳台等晾晒的地方，这是最顺畅的流程。在洗衣机上安置直杆，可以用来晾毛巾等。

　　把洗涤物集中放在起居室整理叠放，这是我家的日常画面。为了节省时间，我推荐大家把洗涤的衣物分门别类，放在收纳场所的前面再整理叠放，特别是聚酯纤维的衣物在来回搬动的时候特别容易变形，这样还可以避免重新叠放。

家具：衣柜合理用，省时又便捷

把箱子并排摆放实现"立式收纳"

把几个轻巧的文件箱并排摆放，看起来也很整齐。适合在比较高的地方收纳，贴上"婚丧仪式用品""其他季节包袋"等标签，一目了然。

抽屉中只用 70% 的空间

抽屉中靠近外侧放应季的衣服、深处放过季的衣服，这是一种基本的收纳原则。如果把抽屉塞得满满的，容易把衣服弄出褶皱，不如在抽屉最下层专门收纳需要熨烫的衣服。

过季的衣服放在篮筐里

有盖子的篮筐，可以卷起来收纳针织衫等柔软的衣服。我使用无印良品的衣物篮，定期更换防虫剂。

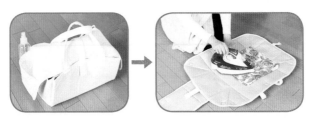

把熨斗放入衣柜中

如果想要使用的时候就可以迅速取出、组合完毕，那么熨烫衣物也就不是件苦差事了。我推荐大家把熨斗和相关组件放在衣柜中收纳。在没有空间摆放熨衣架的情况下，熨斗箱兼熨衣板作用的"熨斗收纳套组"是非常便利的选择。

尽量使用衣架

我家有一个衣柜，我们夫妇的衣服全部都收纳其中。本周穿的衣服都挂起来，右半部分是我的，左半部分是丈夫的。

把经常穿的衣服用衣架挂起来，是最节省时间的衣物收纳方法。尽量统一衣架的大小式样，衣架之间保持 3cm 以上的距离，这样可以保证取用的方便、给衣物通风、避免起皱褶，此外，即便衣柜装得满满当当，也很容易找到想穿的衣物。

减轻衣柜收纳负担：少几件也没关系的衣服和配饰

牛仔裤	T恤衫
想来似乎没有什么地方是"不穿牛仔裤者禁止入内"，所以少几条也没关系。	我们也基本上不会遇到"必须穿T恤衫"的情况，少几件不会造成不便。
家居服	睡衣
穿上家居服干家务不会特别起劲，也不会有什么特别的效果。想要放松，穿睡衣就完全可以了。	穿起来格外放松舒适的衣服，都可以作为"睡衣"。浴衣就是我家夏天的睡衣。
腰带	长外套
女性的服饰中，需要腰带的情况通常是尺寸不太合身的时候。腰带属于装饰品的范畴，因此要看自己是否需要来购买。	防寒的上衣和下装是更加保暖的选择。根据不同的时期，尽量少买占地方的长外衣。

孩子的衣服：收纳在固定位置

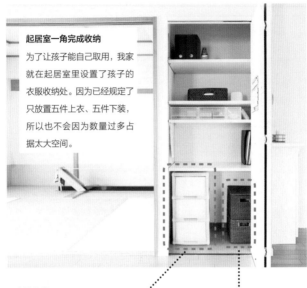

起居室一角完成收纳

为了让孩子能自己取用，我家就在起居室里设置了孩子的衣服收纳处。因为已经规定了只放五件上衣、五件下装，所以也不会因为数量过多占据太大空间。

现在的穿着

孩子们平日穿着的衣服、制服、体操服等等统统在这里收纳。因为每个人的衣服数量都不多，所以孩子们都可以轻松地自主选择想穿的衣服。

纸尿裤"可视化"，更方便取用

收纳篮筐里放着女儿的尿不湿和次子幼儿园用的物品。即便是叠放起来，打开盖子，也一目了然。尿不湿我采取打开包装的"可视化"收纳，为的是孩子们可以自己取用。

日常护肤变革

护肤以面膜为主

我产后很快就开始使用面膜了，日常护肤一片就够。我通常一边敷面膜一边换衣服、做家务，每天早晚各一片。"TBC王牌"面膜帮我节省了很多时间。

化妆用品在篮筐里收纳

化妆用品放在有手柄的篮筐里，里面还可以放隔板的收纳盒，这样无须翻找就能锁定需要的东西。虽然我基本都是在洗手间化妆，但是寒冷的冬日也可以把整个篮筐移到起居室里化妆。

镜子壁橱只用 50% 的空间来收纳

镜子后的壁橱要严选最常用的物品收纳。物品之间保持一定的距离，防止一碰就碰倒一大片的情况。这样的收纳习惯在缩短选择时间的同时，看上去十分整洁，心情也会跟着清爽起来。

按压式替换装

需要用手指舀出来使用的护肤霜，取用时会花费时间，还会渗到指甲里，所以我选择按压式换装的护肤品。按压式化妆品的操作迅速，更换之后可以使用一个月以上，可以节省很多的时间。

哪里购物更省时

"虽然是迷你超市，但是真的很喜欢好市多（Costco）！"常常听到人们这样说。相比那些大超市，我更喜欢在好市多（Costco）购物。理由是在好市多（Costco）不会出现"为难""不均""无用"的情况，可以节约时间。

> **大爱迷你超市好市多（Costco）的理由**

1. 没有"不均"
商品评论出人意料地多

好市多（Costco）的商品评论非常多，在犹豫不决的时候迅速检索商品评论，浏览了足够有效的建议之后再购买，会大大降低购买失败的概率。

2. 没有"无用"
没有"选择"的时间损耗

好市多（Costco）的商品中有很多是仅此一种的。比如，豆腐、梅干等，在大超市就会有好多种同类商品，口味、包装大小等都是选择时犹豫不决的理由。在好市多（Costco）就只需考虑"买，还是不买"，可以痛痛快快采购完毕。（但是，需要注意的是奶酪、红酒、面包等商品还是需要多种类选择的。）

3. 没有"为难"

具有退货制度

好市多（Costco）具有退货制度。例如，即便是已经开封的食品、已经吃完的食品，只要有足够充分的理由也有可能退货。当然，这是有限度的，超市有着自己的规范，这也反映出按年度缴纳会费带来的"安全感"。

食品

美味且节省时间、分量充足又十分便利的食材

1.8kg 的巨大量"光明味增"，使用 100% 有机栽培的大豆、100% 国产大米的无添加味增，只要 689 日元（折合人民币 40 元）。烹调肉类、鱼类时可以添加味增，还可以用来腌渍蔬菜。

光明味增

V8 蔬菜饮料

金宝 V8 蔬菜饮料，因为盐分高，比起直接饮用，更适合代替罐装番茄酱进行烹调。特别推荐加在咖喱中，非常美味。

橄榄油

每一大勺的分量独立包装的橄榄油。这种包装方式防止油的氧化，保证了味道的新鲜。孩子们在自己烹调的时候，还能有效地防止用量过多。

蒜泥调料涂在面包上就做成了蒜香吐司，加在蔬菜、肉、鱼上就完成一道菜品，是我的魔法香料。有了它我就不再需要准备过多的香料，料理调味也变得简单且有保障。

蒜泥调料

日用品
让家变得清爽整洁、全家都易于使用的便利好物

OMT 存储箱

OMT 存储箱比 Fellowes 的保险箱大约便宜 200 日元，可以承载 20kg 的重量，内有 A4 尺寸的文件夹，材质非常轻便。暑假的时候孩子们拿回来的东西，可以一股脑儿收纳进去。

密封袋有两个选择，分别是双拉锁的和滑动封口的。从节省时间的角度考虑，我更倾向于选择"滑动封口"，并且制订"食品封装后放回两次就扔掉"的规则。

密封袋

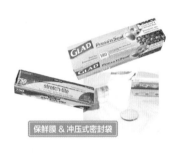

保鲜膜 & 冲压式密封袋

保鲜膜我选择单手就可以撕取的设计。火腿、奶酪等不易保存的食品，就可以在冲压式密封袋里保存。这两种的大号产品都只能在 Costco 才买得到，买一个可以用上半年。

Costco 新上市的今治毛巾色彩纯净朴素，与任何室内装饰都很搭配。质地触感十分轻柔，令肌肤备受呵护，是我家非常重要的日用物品。

今治毛巾

清扫工具

添置了就能让家务有所进展 & 实现"清爽整洁"

我家的苏打除了用于清洁洗涤、除味，还可以用来洗涤水果、连皮一起吃的蔬菜等。因为属于食品等级，所以婴儿也可以放心食用。在厨房、卫生间等处，可以放在密封袋（见P114）里收纳。

烘焙 苏打

超薄塑料手套

因为属于食品等级，所以在清扫、烹饪时都可以使用。塑料手套的平滑程度和橡胶手套差不多，但是却没有异味。我也用过其他的产品，相比较还是这个好用。

虽然触感很柔软，但是格外坚韧耐用，吸水性也非常好，洗涤后绞干水分还可以重复利用。如果用作厨房的清洁，可以一日一条。我一看到这个毛巾就会有"赶快收拾干净"的念头。

SHOP 毛巾

氧化清洁

　　每周使用一次厨房用品的氧化剂。周末孩子们的鞋子、攒下来的衣服等有许多需要洗涤的东西，几乎都要用到这种清洁剂。只要和空气接触就能去除污垢，工作时间很短，是快速做家务的好帮手。

Q 不知道应该从哪里开始整理才好

虽然也了解整理的方法论,但是苦于物品太多,不知道从何下手,选择合适的收纳用品也很棘手……

（四十五岁女性 / 和丈夫、两个孩子一起生活）

A 首先从冰箱开始整理吧。整理冰箱需要大概一个小时的时间,全家一起参与。因为会翻出很多马上就要过期的食品,所以近日就有一段时间不用采购了。至于采购收纳用品,还是从减少物品数量开始。作为临时的收纳用具,我推荐使用纸袋。

用纸袋来制作收纳用具

准备适合收纳空间尺寸大小的纸袋,将纸袋上部向内折,变成箱状。用一段时间之后觉得很好用,就把纸袋拿到店里去,好好选一个尺寸相当的收纳工具。

Q 我家的房子租得窄小

我家地方很小，因为是租的房子，所以收纳的空间也少，有什么好方法呢？

（三十岁女性 / 和丈夫、两个孩子一起生活）

A 家里空间小、收纳的地方少并不是缺点，反过来想，这样就可以踏踏实实地面对每一样物品。地方小，清扫就会快一些结束，不用挪动地方就能够拿到需要的物品，在制订家务计划的时候，这些都是优点。

Q 快速整理的妙招

如果每天只能拿出五分钟的时间来整理房间，那么应该整理哪里呢？

（三十八岁女性 / 和丈夫一起生活）

A 如果每天只拿出五分钟的时间，那么就试着从"一个抽屉""一层架子"等小范围开始着手整理。我家就实施过这样的计划，算一算抽屉（架子）的数量，然后一天清理一个，持续了一个月。从小的架子开始，逐个击破。

让丈夫瞬间成为盟友的
"魔法语言"

我是这样把育儿接力棒交给丈夫的

在这一章，家务分工的接力棒到了我丈夫手上。该如何让丈夫站在我这一边，成为我的盟友呢？接下来，我将给大家介绍最简单的方法。

"单人育儿"在 2017 年获得了年度流行语的提名。这个词指的是育儿和家务均由一个人承担的状况，这种状况引发了很多女性的共鸣。不管如何努力缩短家务时间，还是会遭遇生病、事故等意外状况，所以"单人育儿"对于一个家庭而言，说到底是行不通的。

香村圭司

工学博士。在丰田集团设计公司供职二十年。作为管理层，负责运营四十人左右规模的组织机构，同时取得了与整理相关的生活规划一级资质。关心整理方面的专业知识，致力于研发平衡工作与家庭的关系、减少压力的优质方法，并投身个人实践。同时大力支持妻子的相关工作。

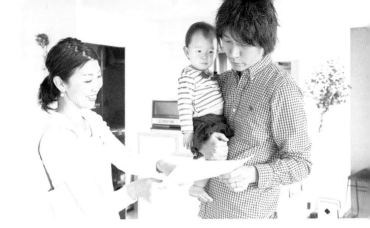

难以理解的家务、育儿的流程内容，写在记事贴上实现"可视化"，更加简单易懂。

所谓"行不通"，就是属于"超出了能力范畴"的状态。这种状态在丰田系统内是被彻底排除掉的。在工厂的生产线，并不是仅有一个步骤，而是工艺流程的全部环节都要实现效率化才能提高生产能力，这就是丰田理念解决问题的思路。

把这个道理用于家庭，妻子一个人考虑如何节约时间是没有多大作用的，全家都要思考如何在尽可能短的时间内完成家务、照顾孩子，才能一起享受轻松幸福的日常生活。丰田式家务分享法的一大特色就是充分挖掘出丈夫的家务潜能。

丈夫不积极参与家务事，以前的我也遭遇过这样的情况。当我询问丈夫为什么不帮助做家务的时候，丈夫以"工作忙""我爸妈就是这么过日子的啊""干得习惯顺手的人，干起来更快"

"不清楚怎么做啊""我就是做了也得不到表扬"这种话来回应。

但是后来是怎么改变的呢？

有一次我们在家里完成了一套类似"烧烤"的流程。想要烧烤就要有必需的道具、食材，还有明确的流程。同理，家里没有无用的物品，必需的物品放置在合理的位置上，然后是一步步地具体实施。这次流程化的共同实践，让我家家务协作中"妻子的声音"被放大了。

我总结了五种让丈夫在家务中成为可靠盟友的神奇语言，这些语言非常明确地解读了男性的心理状态。

房间整理清爽，更便于做家务和整理。夫妇二人也有了在一起边喝咖啡或小酌，边悠然闲谈的时间。

Part 4 让丈夫瞬间成为盟友的"魔法语言" **123**

1

那你有什么好主意吗？

大部分的男性，如果和他好好商量，是不会有消极情绪的。因为感受到自己被需要，他们就会渐渐地萌生出解决问题的愿望。对于那些张口闭口"我是社长啊……""要是我，那就……"的男性而言，尤其奏效。

男性一般在探讨问题的时候比较冷静，具有较强的逻辑性，喜欢给出比较完整的回答。但是在现实状况里，这种解决问题的思维方式，大都是不能马上实行的一些空谈。

应对这种逻辑清晰的大道理，不妨试着反问："来帮我做做看怎么样？"对方就很难拒绝了。因为男性自己说出来的那些大道理通常是很自负的，如果马上说"我现在吧，恐怕……"就等于否定了自己的逻辑。所以，要充分尊重丈夫的逻辑，也让他发挥一下在家务分享中的作用。

很想改变一下起居室的样子

想象如何打造出自己喜欢的起居室总能令人心生欢喜。周末去家具店淘来了时髦的家具，挪动沉重的沙发，积极地给房间换个样子。和丈夫一起考虑一下家具的最佳搭配，各个房间都应该摆放什么。以发挥丈夫自己的优势为目标，他自然会付诸行动。

今年的连休日想出去旅行

如果突然说"明后天全家一起出去玩玩吧"，也许很难实现，半年后或三个月后的旅行计划，则可以优哉游哉地好好计划一下。比如，下定决心要来一次豪华游轮旅行，今天存了多少钱？为了旅游有没有需要削减的开支？诸如此类对家庭开支的调整管理其实是非常有趣的一件事，让丈夫参与进来。

孩子的生日很想制造一个惊喜

可能大部分的男性并不怎么热衷于所谓的"惊喜"，如果让他们来提出建议，恐怕都是勉强为之。那么孩子现在究竟喜欢什么呢？夫妻之间可以借此交流确认一下孩子的状况，丈夫就会逐渐有意识地和妻子进行交流。

不能说的话

"我已经说了让你去做那个，怎么还没有做啊？"
"你打算什么时候做？"
"要是我早就做完了！"
"让你做真是错了！"

照你喜欢的做就好

提供选择范围，让他们从中选最想要的东西，是偏向理科思维的男性的大爱。这些选项，最好是能看得见摸得着的。如果问丈夫"想象一下我们未来的样子"，他恐怕很难回答得出来。

男性都有着过度坚持自我喜好的倾向，如果非让他选择，会很耗时。妻子想要否定这一点的时候，请克制一下。丈夫逐步深入家务分享的过程中需要妻子不断强化"照你喜欢的做就好"的气氛。

你去买点儿自己想吃的东西吧

总会看见许多丈夫不情愿、慢吞吞地跟在妻子后面购物。大部分的男性并不是厌恶购物这件事本身，而是对没有选择权而心生不满。让丈夫独自去买自己喜欢吃的东西，能帮助他表达关于料理的感恩，也能培养他对做饭的兴趣。

想换一部空调，拜托给你了

电器的采买更换并不是非常频繁的事情，可以全权委托给丈夫来办。不要让丈夫只是单纯地购物，鼓励他研究生产商的特点，与旧家电相比能节省多少能源等等，给出一些既定目标，就会让他变得乐于去做这件事。了解各种商品的情况，自己总结疑问和答案，都需要时间，但是千万不要对男性说"要不去店里问问"这样的话。

你自己来决定零用钱的额度吧

如果家里实行的是给丈夫准备零用钱的方式，那么无论是谁都觉得"多多益善"，也许会要求零用钱增加到现在的两倍。如果每月多出两万日元，能让丈夫在家里做更多家务，是不是很划算呢？确定了零用钱的额度，接下来就很重要了。这 20000 日元的开支从哪里补回来？让丈夫以此为契机一起思考家用支出的调整，然后共同切实执行。

不能说的话

"为什么买了那个东西回来啊？"
"不如趁早去问问店里的服务员？"

魔法语言

3

把操作方法写下来

想象一下，如果你工作的部门来了新职员，你肯定不会让他们"赶快做那个""把这个完成了"，最开始一定是从一到十悉数教导，然后再循序渐进地让他们独立完成工作。

丈夫在家务方面，也算是职场的新职员。最开始，必须手把手地教导。只不过，丈夫是有自尊心的。那么，在不伤其自尊的前提下，有效的指导方法就是把一切都"手册化"。这并不是什么了不得的大工程，用普通的记事本把操作方法逐条写下来就可以了。

平时，一般是由女性来承担主要的家务和育儿工作，所以妻子对这些操作流程都已经烂熟于心，自然就没有写手册的必要了。但是对于丈夫来说，这些写下来的东西就是行动的依据。很多男性是有着协助做家务的意愿的，但是因为不清楚具体的做法，要是一件一件都开口问，又放不下身段，所以就干脆不去帮忙了。因为对流程不怎么了解，许多丈夫没能付诸行动。

Case1

保育园的接送流程

去保育园接送孩子，并不是简单地"接送"就可以了。到了保育园，要清洗装纸尿裤的小桶、放好塑料袋、整理好口水巾、补充好足够的纸尿裤、把保育文件夹放在指定的地方、毛巾都用夹子夹好晾起来……最开始不清楚这些流程，难免会手忙脚乱，因为周围全都是熟练无比的妈妈们和保育员们，爸爸们如果有一点纰漏，就会很难为情。在这种情况下，如果有流程手册，他们行动起来就踏实多了。一旦形成利落的奶爸形象，他们就会自觉去接送孩子了。

Case3

玩具的整理方法

"孩子的玩具收拾好了，也会瞬间就乱七八糟。""反正也会乱，索性就不收拾了。"很多丈夫都抱着这样的想法。有擅长整理的妻子可以传授一些科学的流程方法，介绍给丈夫奏效的技巧（详见 P152）。现在我也取得了整理相关资质，会试着和丈夫一起探讨"如何才能愉快舒适地生活"这一话题，逐渐鼓励丈夫付诸实践。

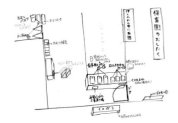

保育园接送备忘录：位置相关的内容要一目了然。依照年度变化更改，可以一直使用到形成习惯为止。

Case2

晚饭的烹饪方法

有不少的人会刻板地认为，做饭是妻子的事。准备饭菜非常耗时，所以总觉得有很多男性根本就不会帮忙。其实，这主要是因为不知道该怎么做。如果办烧烤派对，是不是有很多男性突然间干劲十足？其中自然有一种原因是希望大家看到自己酷帅的一面，此外，也是由于烧烤的流程明确且简单。所以，我建议把烹饪的流程也都逐一写下来，网上搜索出来的菜谱也可以用来代替。

 不能说的话

"为什么这么简单的事情都做不好啊？"
"你知道我有多辛苦吗？"
"让你干点儿什么，恐怕得拖到明天早上吧？"

真是帮了大忙啦

有很多人认为,男性如果没有什么具体的行动,不能利落干练地完成自主参与家务和育儿就是对家庭缺乏贡献。从妻子一方来看,共同承担家务和育儿的辛苦就是一种对家庭的贡献了,这是非常必要的。如果对这一点不能充分理解,丈夫对家务和育儿缺乏自信,就会在头脑中自动转换为"我努力工作赚钱养家就是对家庭的贡献了"。

长此以往,丈夫变得很晚才回家,妻子对于丈夫的晚归非常气恼。看到丈夫一进门就忍不住责问:"为什么这么晚才回来?""我一天天这么辛苦……"丈夫则会反问:"那是谁一天天辛苦工作养家糊口的?"夫妻俩就会争吵起来。

首先,要告诉对方"微不足道的事情也会有很大的帮助"。这样就可以理解除了工作赚钱之外,自己也可以为家庭做出贡献。

这样,丈夫晚归的现象一定可以逐渐变少。

陪伴孩子

妈妈一整天陪伴孩子，已经筋疲力尽，可孩子还是不肯睡。在每晚孩子入睡前的时刻，丈夫就该出手相助了。我家的三个孩子大致是从晚上八点到九点之间准备就寝，但是经常有上床一小时也不肯入睡的情况。我向丈夫表达了如果他能陪孩子入睡，就是莫大的帮助了，被我这么一说，丈夫在结束工作之后总是尽早回家。

能够听听我的烦恼

由专职主妇的母亲带大的女性，在不能够完美地完成家务和育儿任务的时候，往往会把家庭的烦恼一个人吞下。要学会直接向丈夫倾诉这种压力，从对话中留意获取解决问题的方法以及冷静客观富有逻辑性的建议。"能听我说说这些烦恼，我就会轻松很多的，你愿意听听吗？"带着这种感觉交谈，会让对方非常乐于倾听。

你能够对未来有考虑

作为丈夫虽然对家务、育儿等眼前的问题应付不来，但是对稍微长远一些的未来，却是有所考虑的。"两年后我能够升职，薪水可以增加多少……""五年后孩子就上初中了，这间房子应该翻新一下了……"男性很容易有这样的想法。如果把他们规划未来的想法理解为对家庭的贡献，并给予积极的回应，就能增加丈夫对家庭大小事务的兴趣，比如"再调整一下家里的收支""零用钱减一些吧，多存点儿钱"等。

不能说的话

"天天回来这么晚，是你的工作方法有问题吧？"
"你即便早回来，我还是一样辛苦……"

都说我们家最棒了

如果你的丈夫多多少少对家务和育儿有点儿兴趣，并且还会多多少少帮忙，那么过后就要趁机"吹捧"一下，鼓励他自动自觉地继续参与家务。

只是"吹捧"也要有技巧。妻子面对面的感谢，会让丈夫非常开心。男性是既好面子又很客观的生物，对于其他人口中的评价非常敏感。他们从家人那里得到"别人都说我家老公最棒了"之类的褒奖，就会有得到全世界认可的错觉，从而心情愉悦，做什么都会主动起来。

Case1

听说某家的丈夫根本就不做家务

看到身边某位男性积极分担家务和育儿，就会情不自禁地说"人家的丈夫呀……"。这种心情可以理解，但是做丈夫的听到这些，积极性自然就会下降。如果想让丈夫心情愉悦地参与到家务和育儿中来，要试着去看看不如自己丈夫的人，并且不吝言辞称赞自己的丈夫。如果不知道应该称赞些什么，那么就把不满的那部分转换一下，反向思考。比如，"优柔寡断——器量大""不善言辞——善于倾听""做事散漫——有自己的一定之规"等等。

Case2

听说某家夫妇每天都吵架

虽说吵架的夫妇也有关系很不错的，但是无论是谁都不会喜欢和自己的另一半明火执仗地吵架。所以，交流的技巧越高超，越是可以避免争吵。在充分留意和关照对方情绪的同时，传递和表达出自己的想法。长久以来，就会形成一种没有争吵、懂得赞美、充分关照对方的想法和情绪的生活状态。

Case3

听说某家的丈夫每天都很晚才回家

下班了并不马上回家，而是绕路去闲逛或者喝得醉醺醺的工薪族，被戏称为"摇晃族"。究竟是在外闲逛，还是马上回家，取决于在家中有没有自己的生活空间。不想要丈夫晚归，不如非常诚恳地说出"早点儿回来我会非常开心"。

不能说的话

"人家的丈夫就能帮忙做家务带孩子，你为什么不能？"

"你和 ×× 的丈夫，究竟哪里不一样？"

Part 4 让丈夫瞬间成为盟友的"魔法语言" **133**

Q 家里东西好多，可是总也扔不掉该怎么办？

很想断舍离，但是东西总也扔不掉。很想知道
有没有有效的方法。

（四十岁女性／和丈夫两个人一起生活）

A 其实没有必要去想"一定要断舍离"，应该
做的是"分类"。把家里的物品分为一类和二类。比如，
二类的物品都用纸板盒子收纳，看占据了多少空间。
如果占据了一个榻榻米的空间，就等于每个月都为
这些物品支付了 600 日元的收纳费。这样你还想继
续保存这些物品吗？

Q 非常不擅于整理该怎么办？

我很难采取平常适用的整理方法，很想知道如
何决定物品的固定摆放位置和方法。

（三十八岁女性／和两个孩子一起生活）

A 整理这件事，好方法也是因人而异的，没必

要一定要求自己去适应别人制订的所谓整理法则。只有一点很重要，就是物品如果太多就很难决定固定的摆放位置。可以询问一下家人："这个放在哪里用起来会比较方便？"相比只有自己觉得方便顺手的位置，更应该多考虑一下全家人的想法，然后再决定物品摆放的最佳位置并固定下来。

Q 有什么预防乱七八糟的方法吗？

很快我们自己的家就要落成了。为了不让家里变得乱七八糟的，我该做些什么准备呢？

（三十一岁女性 / 和丈夫、两个孩子一起生活）

A 比如，在哪里换浴衣？什么时候佩戴装饰品？在哪里摘下来？同理，做饭的时候、洗涤衣物的时候、外出的时候，在什么地方放置什么物品、怎么操作，一个区域一个区域地模拟一下，就知道在哪里收纳最合理了。把物品收纳在离使用场所最近的地方，就不会造成混乱。

Part 5

和孩子一起分享家务

引导孩子整理时间

不要责备孩子，只需质疑方法

家务、整理这些事，一个人做非常焦虑的原因是妈妈们同时还要面对关于孩子的时间安排、学习用品和玩具的收纳等问题——反复确认孩子的作业和明天的时间表、不说无数遍"快点儿吃饭""早点儿睡觉"孩子就不动，孩子睡着后收拾扔得乱七八糟的玩具，这些事耗费了大量的时间和精力。

如果只是一味责备孩子，这种焦虑的状况不会得到解决，对孩子的成长也没什么帮助。把"如何利用孩子的时间和空间（规则和习惯）"作为课题来思考一下，建立了有效的方法，孩子们就会自己参与到整理中来。

孩子们的时间"规范化"

在本章，我把孩子按照"小学生"和"幼儿"来进行区分。

和孩子们一起探讨"自由支配的时间里做些什么好"，借此了解孩子们的想法，制订调整时间的支配方法。

●小学生：把"时间的使用方法""整理"等等全部规范化，确保孩子拥有愉快的时间。

●幼儿：一天中大部分的时间都是和家人一起度过的，不如从带着孩子一起整理玩具开始实践。

因为孩子年纪小，不必要求他们按严格的流程做事。想出他们肯定可以做得到的方法，孩子们就会在合理引导下行动起来。

另外，家长发自内心快乐地去完成家务，孩子们看在眼里，自然就会乐于模仿。

小学生篇：整理时间的时间表

从就寝时间开始反推的作息时间表

为了不对孩子们絮絮叨叨地说"早点儿去睡""做功课了吗"，有必要制订一个作息时间表。

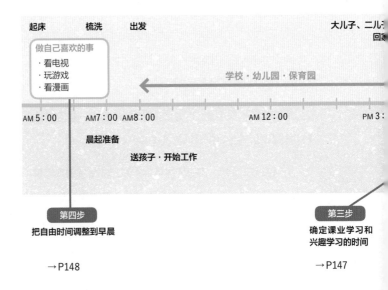

起床　　　　梳洗　　　出发　　　　　　　　　　　　　　　　大儿子、二儿子
回家

做自己喜欢的事
· 看电视
· 玩游戏
· 看漫画

学校·幼儿园·保育园

AM 5：00　　AM7：00　AM8：00　　　　　　　AM 12：00　　　　　PM 3：

晨起准备

送孩子·开始工作

第四步
把自由时间调整到早晨

→ P148

第三步
确定课业学习和
兴趣学习的时间

→ P147

我建议将时间的整理分四个步骤推进：

●第一步：确定孩子的就寝时间

●第二步：确定吃完晚饭的时间

●第三步：确定课业学习和兴趣学习的时间

●第四步：把自由时间调整到早晨

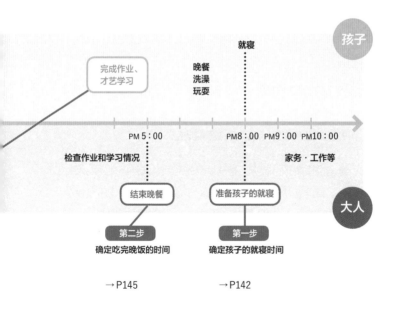

作息时间表的大框架由大人设置，以时间观念比较强的成年人视角先制订一个基础计划，如果决定了，第二天就开始执行。让每天晚上十点才睡觉的孩子改成晚上九点上床就寝，需要三天左右的调整适应期。

推进新时间表的过程中，如果遇到孩子早起困难，夜里又不愿早睡，一定不要责备他们。要知道这并不是孩子的错，而是所制订的作息时间表不合理，这时候需要和孩子们一起重新确定。

第一步：
确定孩子的就寝时间

关键点是几点钟可以"完成睡前准备"

睡前需要刷牙、铺床、整理凌乱的房间，此外还要为明天做准备。做这些"应该做的事"，对于孩子来说，一定不是快乐的时间。所以，一定要尽所能找到方法缩短这段时间。

这部分"方法化"的体现，在于明确所需要的时间，从设定的钻进被窝的时间开始逆向推算，着手准备明确孩子花多长时间可以完成。

准备第二天所需物品的方法

以教科书为例，如果决定了语文科目相关的资料用"红色"代表，那么相应的教科书、笔记本、补充读物等统一用红色的标签。收纳盒的侧面贴上易于分类的标签，写上"语文，红色，全五册"。实行这种方法后，大儿子几乎就没忘带过东西了。

用"可视化"工具箱来防止遗忘

口罩是很容易忘带的物品，在学校的工具箱里确保有一个空间放备用口罩，这样就会有效防止"糟糕，忘带了！"这样的烦恼。实现了物品的"可视化"，孩子渐渐地就会改掉忘带东西的毛病。

睡前收拾房间

图片比对整理法

为了让房间整理后的理想状态不被遗忘，给整理完毕的房间拍一张照片，每天整理后和照片对比一下，检查一下有没有不一样的地方。这样坚持两周左右，全家都可以在"整理房间"这件事上达到相同的水平。

整理后的状态

计时五分钟的彻头彻尾整理

孩子们就寝前十分钟，告诉他们"从现在起让一切恢复原样"，然后计时五分钟。在此期间，孩子们自然是竭尽全力把一切归位。有时候在规定的时间里完成不了，可能是因为物品过多了，需要再次严选一类物品的数量（P46）。

持有物品以颜色区分

　　家里有两个以上孩子的话，总会遇到"这是谁的玩具？""这件短裤是谁的？"等问题。我家采取颜色区分法，衣服、玩具等都是看一眼颜色就知道主人是谁。

深色＝大儿子
浅色＝二儿子

第二步：
确定吃完晚饭的时间

　　每到傍晚就匆匆忙忙、急躁慌乱，主要原因就是孩子们磨磨蹭蹭不好好吃饭。然而这并不是孩子们的错，而是源于不管饿不饿，"饭做好了就要开始吃饭"这个规则不适用。

　　所以，减轻傍晚时分情绪急躁，只需灵活看待平日里吃完晚饭的时间，大家按照自己的习惯自行决定什么时候吃饭，孩子就不会再磨磨蹭蹭惹人烦了。

给孩子自主选择的空间

各自准备、整理自己的餐具

在我家，孩子们都是各自选取自己的餐具，从餐桌上摆放着的各种食物和饮品中自行取用，吃完之后再把餐具放到水槽里。因为已经确定了就寝的时间，孩子们就能自己安排晚饭时间和洗澡时间了。

决定就寝前要做的事情

晚饭、洗澡、写作业、为明天做准备等等，睡前的各种事情我都会和孩子们一起决定。什么时候做什么，则是由孩子自己决定。渐渐地，孩子们也就学会了自己管理时间。一开始会有很多事情行不通，但是要相信孩子们的自主性，要学会陪他们一起长大。

第三步：
确定课业学习和兴趣学习的时间

曾问过一位做讲师的朋友："喜欢学习的孩子和不喜欢学习的孩子，根本的差异在哪儿？"朋友说："那要看是不是有明确学习时间的习惯。"

养成合理分配学习时间的习惯靠孩子自己很难，家长可以引导孩子做出调整，把一些兴趣学习改到周末，工作日放学回家后尽量按照同样的节奏来学习，优先处理好课业学习。我家没有专门的学习桌椅，孩子们和大人一样，都是站在餐桌旁写作业或用电脑工作。

为了形成学习的习惯所做的努力

站着写作业

如今"乐天"等知名企业都在致力于导入站立式工作的风格，我们在家也可以效仿站立式学习和工作，这样会有意识地把眼前的事情向前推进，可以提高效率。

决定学习时间

孩子们的学习时间固定后，在这个时间段我也定下手头的家务，陪伴在孩子身边做一些用电脑完成的工作。年幼的孩子也在这个时间段里画画，或是玩迷宫游戏。这种"同步"就不会让孩子再觉得"只有我在学习"，可以有效增进学习的意愿。

书包放在起居室

孩子放学回来能够立刻放下
书包的地方，就是最适合收纳书
包的地方。我家放置的挂钩、收
纳篮和架子都是从孩子的行动
路线合理性的角度考虑而设置
的，这样既能合理安排又可以
节省时间。

第四步：
把自由时间调整到早晨

开心的事情调整到早上做自然会实现早睡早起！

把自由时间设定在晚上，孩子们的就寝时间就会一拖再拖，
很晚才能入睡，结果早上很难起来，家里每天都充斥着"快起
床！快起床！"的催促声。于是经过思考，我家把孩子们的自
由时间调整到了早上，晚睡问题终于解决了。

对于早上有充分自由时间的父母而言，这是与孩子共同度过的重要时间。可以感知成长，也可以因为清晨即可拥有这样自在的亲子时间而获得无尽从容。

早上五点以后，孩子们几点起床，起床后做些什么，决定权在他们。

这样，在每晚入睡前孩子们就会想着"好期待着明天早上，要做些什么"，渐渐地就不需要他人来叫醒了。

孩子能自己早起了，大人们就能在早上充分利用自己的时间。拿我自己来说，早起并没有什么上网冲浪、看电视的念头，不如把这段时间用来学学语言或者做点儿别的什么有趣的事情。尽管早上有很多事情要做，因为起得早，还是可以不慌不忙一件一件地完成。

孩子们自己决定几点钟起床

能够早点儿起床的孩子，可以看动画片，也可以玩游戏，还可以跟大人下棋，度过快乐早晨的方式多到数不清。

在家也要带着时钟行走

我家除了起居室，并没有放置钟表。孩子们每人都有一只小小的时钟，如果使用了报时功能，无论在哪个房间都知道接下来应该做什么。我家的规定是必须做完一个房间的事情才能回到起居室。

幼儿篇：整理玩具——
从心爱之物开始的整理练习

从一岁开始就可以做到的整理

幼儿的日常生活中，玩具占据了很重要的位置。有孩子的家庭经常会有这样的困扰：玩具越来越多，整理起来实在是很麻烦。

那么，能让孩子开心的玩具，究竟该控制在多少？玩具的整理和其他物品的整理原则是一样的，亲子通过共同整理玩具，共同面对每一样物品，会获取极大的幸福感。

玩具的整理方法，和其他物品的整理一样，如下页所示分五个步骤，孩子从一岁起就可以试着开始练习整理。

一定会成功的玩具整理步骤

 理清头绪

首先要明确目的：我们为什么要整理？对孩子说"过家家的东西不要弄得乱七八糟的"，大人也要实行"每天用五分钟的时间整理"等等。

 全部拿出来

把家里的玩具全部拿出来。大人可以掌握一下已有玩具的情况，孩子们会觉得"原来我有这么多玩具啊……"，因此充满了安心之感。

 分类

把玩具分类。"电车""迷你车""积木""过家家道具""可换衣服的娃娃""绘本"等等，按照种类进行具体的分类。

 收拾

经常使用一类严选的方法，然后在易于使用的地方，收纳常用的玩具。目前不太使用的二类玩具，就收纳在不碍事的地方。

 调整

玩具已经整理完毕，但是在生日、圣诞节等特别的时候，可以试着做调整。在新玩具入手前，要把不玩的玩具断舍离。

令孩子们困惑的，通常是大人们出乎意料的行为。直接写下来，或是说"我来教你几个方法"等都是不怎么聪明的方法。

第一步：理清头绪

决定整理的终点

整理开始前要进行"头脑的整理"，设定明确的整理终点。

为此，首先明确一下在整理玩具的时候有什么困惑之处。一岁前的幼儿还是得由父母负责收拾，如果长到可以表达自己想法的年龄，父母可以直接问询需求。

整理就是解决困惑的手段。为了能够和孩子一起愉快地完成整理，父母的话术非常重要，例如"乐高要是找不到了可不好办，在这儿做一个乐高乐园怎么样？那我们先把其他的玩具收拾一下吧"，要通过激发孩子玩儿的兴趣以实现孩子自主整理。

第二步：全部拿出来

全部拿出来的意义

    把家里所有的玩具都拿出来很重要，毫不犹豫、做好心理准备，把玩具全部都集中起来。这样做可以让孩子们面对着堆积如山的玩具，直观地意识到"原来我有这么多的玩具呀"，进而减少孩子对玩具无止境的渴望。

> **关键点**
>
> **成功的话术**
>
> 在分类的时候，大人不要随意发表见解。即便是知道这是最近根本不玩的玩具了，也不要轻易判断，支持孩子自己的决定。"这个不想要了吗？""好不容易买的呢……""这个不是刚刚买的吗？""这个已经有了吧！"等等，尽量不要说这样的话。

第三步：分类

要问问孩子"这个放在哪里呢？"

　　大人试着协助孩子给玩具分类。先以孩子的兴趣确定玩具的类别，如"交通工具类""乐高""低幼绘本"等等。然后大人再逐一分为"一类""二类"和"放弃"三类。

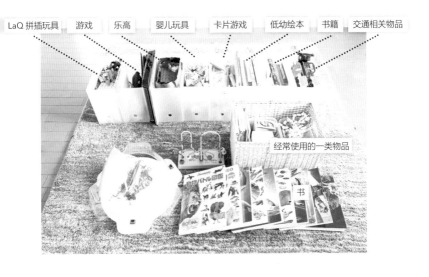

LaQ 拼插玩具　游戏　乐高　婴儿玩具　卡片游戏　低幼绘本　书籍　交通相关物品

经常使用的一类物品

书

第四步：收拾

只把经常使用的物品规定位置

　　要始终记得在第一步"理清头绪"里我们主张的终点意识。例如，决定了要实现"用五分钟的时间完成整理"，那么就把五分钟可以整理完毕的玩具放在规定的位置，然后再收拾。

　　同类的玩具（拼图等）基本上都是杂乱无章的，收拾起来很耗时，那就从中选出一种来玩。

把"一类"物品放在触手可及的地方

　　经常用的玩具、书本等放在触手可及的地方。我家与起居室相连的和室中，壁橱的上层是固定收纳幼儿玩具的位置。充分利用篮子、盒子等收纳，防止什么都混在一起造成杂乱。

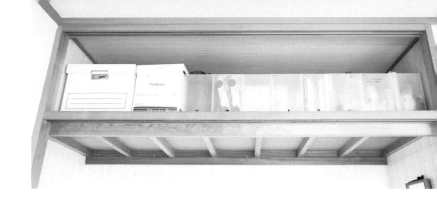

"二类"物品收纳起来

目前不玩的玩具，分好类收纳在聚丙烯盒子里。我一般都放在比较高、不易拿取的位置，如果孩子因为能看到的玩具变少了而不安，为了让孩子接受，有两种说话方式可以安抚他们。

关键点

让孩子接受的话术

"任何时候都可以给你换个玩具"

在形成习惯之前，大人们会因为孩子的"把那个拿出来""我还是要另一个"等要求被支使得团团转。两周之后，孩子可以一坐下来就开心地玩耍。

· ·

"可以玩耍的地方变得好大呀"

二类玩具收纳起来之后，屋子的空间变大了。于是，就可以玩气球、纸飞机这些需要更大空间的玩具，电车也可以在整个屋子里跑，可以更有意义地利用空间，尽情玩耍。我家经过整理之后，竟然创造出一个简易的收纳空间。

例1：孩子决定扔掉的东西，大人却悄悄捡回来

获奖的作品、母亲节的作文等等，大人们总是不愿意扔掉，悄悄从垃圾袋里捡回来。舍不得扔掉的话，就把这些物品当作"父母的物品"管理起来吧。读一读作文、把图画装饰起来，这样不仅做了有效的利用，还会让父母内心得到极大的满足感。

- -

例2：已经决定扔掉的物品，却放在那里很久没有处理

把孩子决定"不要了"的玩具，放在目光可及的地方，很久也不处理，会动摇孩子的决心。这些物品要在收垃圾之前，装进不透明的袋子里，放在不起眼的地方。

- -

例3：把东西搬回父母家

很多父母把那些不舍得扔掉的东西搬回自己的老家寄存，这其实只是拖延了决断的时间而已。

- -

例4：让孩子拿着玩具

在整理过程中，让孩子暂时拿着玩具，这种做法是不对的。孩子会觉得可以玩耍了，于是就没完没了地玩儿起来。所以不要把玩具交给孩子，大人手里拿着玩具，询问孩子就可以了。

第五步：调整

玩具的相关调整，每年进行三次

一次整理结束，并不能就此一劳永逸。还需要采买些新的便笺，因为整理并没有结束。

每年三次重新整理一下玩具，时间节点大致定在"生日"、"圣诞节"和"新年"。

"我们一起来给新玩具找个住处吧！"有这句话的召唤，孩子们就会自然而然地处理掉一些不需要的旧玩具了。

此外，还有必要有效地阻止物品的增加。祖父母想给孙辈们买礼物，不妨建议他们"那就带孩子们一起出去旅行"，可以把实物性礼物变成体验性礼物。

有效的"整理游戏"

平时的整理，一日一次，睡前进行。一遍一遍地说"快去整理一下"，孩子们就越来越觉得"整理这种事儿太没意思了"而产生逆反心理。睡前如果用计时器来一次比赛，在"预备——开始！"的氛围中，孩子们就会变得热情满满。

我家的自由区域是壁橱的上段，铺有隔音垫片，孩子们的秘密基地。比起一味地买新玩具，孩子们其实更喜欢家中有一个玩耍的自由空间。

打造一个自由的区域

在家中限定一个可以自由摆放物品的区域，这样就能简化整理的工序。"只在标记的地方放东西""在桌上想放多少都可以"等等，就会有效地防止在地板上随处乱放的情况了。

一边整理一边捉迷藏

借着和孩子玩一场捉迷藏游戏的时间做一些整理工作，一边装作去找藏起来的孩子们，一边一个房间一个房间地逐一整理，收拾洗涤衣物，来回清扫等等。最后，

别忘了大喊一声："哇！捉到啦！"

用节省的时间来一次"亲子游戏分享"

　　不仅仅是家务活，游戏也应该实现亲子分享。孩子和大人都很开心，有利于亲子交流。不时进行一场亲子游戏的实战，可以帮助孩子增加对文字、数字的兴趣，还能起到锻炼思考能力的效果。陪孩子玩耍，可以让家庭生活的节奏张弛有度，我推荐大家尝试一下。

卡片游戏

平假名扑克

　　一款通过众筹实现商品化，玩起来十分有趣的卡片游戏。抽取五张平假名的卡片，组成一个词，这样更容易快速记住假名，自然而然就会对文字产生兴趣。和孩子互相看看组成的词，会特别有趣。

运球游戏

　　这是一个锻炼反射神经的卡片游戏，图画和包装都很可爱，最适合作为礼物送给孩子们。三岁左右的孩子就可以跟大人一起对战，这个游戏可以很好地培养他们的专注力。

这是一个锻炼记忆力和推测力的推理卡片游戏。读取 0 到 11 的数字，如果孩子已经能够分辨数字的大小，就可以和大人对战了。既可以双人对战，也可以四个人编组对战。一个回合大约十分钟，不仅锻炼了孩子的注意力，还很有趣味性。

计算游戏

个人类游戏

棋盘游戏

棋盘游戏很考验个人智力，我自己至今只赢过两次。每次都因觉得"这次我马上就要赢啦！"而兴奋不已。

众所周知，下象棋如果能够熟知并掌握理论自然最好不过了。所以从幼儿园入园就开始练习吧。因为有很多不利因素，所以要告诉孩子：和大人对战就是输了也不要气恼。

象棋

哪里都有机器猫
全日本旅行游戏

这个移动自由的小型棋盘类游戏"机器猫"在亚马逊上售价655日元（折合人民币37元），因为没有什么特别的技巧，所以孩子很容易学会。如果装进包里，还可以携带着坐飞机和新干线，为旅途增加趣味。

这是一个风靡全世界的数字组合游戏。只要认识数字，三岁左右的孩子就可以参与。成年人也很热衷于这个游戏，是我家年末的必备游戏。

拉米立方

Q & A

Q 家里孩子太小，真是太难了！

我有全职工作，还有个一岁的孩子，所以我什么家务也做不了。想知道其他夫妻双方都工作的家庭都是怎么做家务的。

（**三十一岁女性** / 和丈夫、一个孩子一起生活）

A 首先要花一点儿时间在一定时期内把家务外包，或者关注一下最新式的家用电器，看看能不能节省出来一些时间。为了让全家都可以分担家务，要试着推进"制订方法"到"减少物品"的过程。这些都试过也很难做好的话，就拜托给整理或家务相关的专门人员吧。

Q 想了解保持下水道清洁的妙招。

家里的下水道很容易脏，如何保持日常的清洁呢？

（**三十三岁女性** / 和丈夫、两个孩子一起生活）

A 在下水道旁边抬头可见的地方放置清扫工具，还要制订"使用后一定要确认污渍情况""脏了就要清洁"等规定。水道的污垢如果积攒过多，清洁起来就会很耗时，所以要养成随手清洁的习惯。

Q 我不擅长烹饪，这个很难办啊。

我尤其不擅长烹饪，所以我特别想请教一下适合我这种不会做饭的人短时间就可以完成的烹饪方法。

（三十七岁女性／和丈夫、两个孩子一起生活）

A 我也不擅长烹饪，所以特别理解你的心情。首先列出您家人最喜欢的五种菜肴，然后从头开始练习。练习做"咖喱"，就去尝试高压锅、自动料理锅、微波炉等等不同的炊具，确定哪一种更省时，哪一种做出的食物更美味。一道菜完成了，再尝试下一种。

Q 很不喜欢用熨斗……

熨烫衣服很耗时，我非常不喜欢。晚上下班后熨衣服，总是感觉特别疲劳……

（二十八岁女性／和丈夫、一个孩子一起生活）

A 我一般是一周熨烫一次衣服（大约三十分钟），我会边熨衣服边看我喜欢的电视节目。在做自己不擅长不喜欢的家务的时候，可以聆听自己最喜欢的音乐，或是设定一下结束后犒赏一下自己的品尝甜品的时间，这样心情就会比较好。

后 记

感谢您能够悉心读完这本《丰田式家务分享法》。

在我动笔完成这本书的过程中，无数次思考着这样一个问题：究竟什么才是理想化的生活？

长久以来是"男主外、女主内"的生活模式，妻子的时间会多少充裕一些，也就承担了更多的家务。

但是，近年来日本的劳动力短缺，男女雇佣机会日趋均等，女性参与社会的程度不断加深，因此"夫妻双方均在外工作，妻子也在支撑家庭"已经成为一种普遍的生活方式。妻子的负担加重了，做家务的时间和精力减少了很多。但长久以来，社会观念上家务劳动和孩子照顾总被男性无视的状况并没有改变。

美国的社会学家曾做过一项家务分工调查，结果显示：对于男性而言，越是行业精英，越懂得家务应该共同参与。男性参与家务活动越深，越能体认在家庭中的价值感，感受到的幸福感也越高。

我确信，现在已经到了必须为夫妻共同工作的这一代人重新定义"理想生活"的时期，不但要推进"劳动改革"，还有必要同步推进"生活方式的改革"。改变家务是妈妈一个人的水深火热的情况，是每个家庭都要面对的课题。

我也是在这种独自承担家务的状态下，带着"我想要确保自己的自由时间"的念头，开始试着建立家务分享的方法。

如果只是分担家务活，那么"家务分担"就显得了无生趣，但是导入了"丰田式"思维方法，给做家务赋予使命感和达成感，家人对家庭有了感谢与尊重，在家庭生活中也能像在职场

中一样团队协作，一起创造价值、分享喜悦。

所谓"丰田式"思维方式，是一种我从丰田企业工作思路中引入家庭生活，提高效率的一套方法。

我想这种"丰田式家务分享法"一定可以成为现代社会夫妻共同工作的家庭理想生活方式。

书中介绍的一些家务方法和规则，或许有人会觉得不适合自家的情况。如果觉得"速溶酱汤"很难做到，那就不必照搬照抄。如果觉得"原来还有这种方法啊"，那就不妨"每天早上给家人做做酱汤，看看都需要什么流程"，这样开动脑筋，可以慢慢从中摸索到自家的规律。

写这本书的初衷，是希望大家能够获取工作和家庭的双重喜悦，与家人分享无可比拟的幸福。

香村薫

图书在版编目（CIP）数据

丰田式家务分享法 / （日）香村薰著；于彤彤译. -- 北京：北京时代华文书局，2021.9

ISBN 978-7-5699-4139-5

Ⅰ . ①丰… Ⅱ . ①香… ②于… Ⅲ . ①家庭生活－通俗读物 Ⅳ . ①TS976.3-49

中国版本图书馆CIP数据核字(2021)第175754号

北京市版权局著作权合同登记号　图字：01-2019-2909

トヨタ式家事シェア

©Kaoru Koumura 2018
Originally published in Japan by Shufunotomo Co., Ltd
Translation rights arranged with Shufunotomo Co., Ltd.
Through CREEK & RIVER CO., Ltd. and CREEK & RIVER SHANGHAI Co., Ltd.

丰 田 式 家 务 分 享 法
FENGTIAN SHI JIAWU FENXIANG FA

著　　者｜[日]香村薰
摄　　影｜[日]mica kondo　河原未奈
译　　者｜于彤彤

出 版 人｜陈　涛
选题策划｜陈丽杰　仇云卉
责任编辑｜袁思远
执行编辑｜仇云卉
责任校对｜陈冬梅
装帧设计｜孙丽莉
责任印制｜訾　敬

出版发行｜北京时代华文书局 http://www.bjsdsj.com.cn
　　　　　北京市东城区安定门外大街 138 号皇城国际大厦 A 座 8 楼
　　　　　邮编：100011　电话：010-64267955　64267677
印　　刷｜河北京平诚乾印刷有限公司　010-60247905
　　　　　（如发现印装质量问题，请与印刷厂联系调换）
开　　本｜880mm×1230mm　1/32　印　张｜6　字　数｜107 千字
版　　次｜2022 年 1 月第 1 版　印　次｜2022 年 1 月第 1 次印刷
书　　号｜ISBN 978-7-5699-4139-5
定　　价｜48.00 元